计算机组装与维护项目教程

（第2版）

主　编　万钊友　陶　建
副主编　程弋可　叶家强
参　编　郭　斌　赵　翕　胡　燏　杨霁琳
　　　　黄　艳　李　春　陈　艳　朱凤钢
　　　　龙云川　林　强　周　骁　李　键
　　　　谭如凯

北京理工大学出版社
BEIJING INSTITUTE OF TECHNOLOGY PRESS

内 容 简 介

本书以计算机组装与维护工作岗位活动所必须掌握的知识和技能为逻辑线索,基于任务驱动理念,设计了认识计算机系统、认识和选购计算机配件、组装计算机、设置 BIOS、安装操作系统、接入网络、维护计算机系统、检测和分析计算机常见故障 8 个学习项目,项目下设多个任务、操作实践、拓展阅读、项目小结、思考与练习和项目工单。

本书强调对接职业岗位,并配有大量插图和操作过程,提供了相应的网络配套学习资源,适合作为院校电子与信息大类相关专业教材,也可供计算机组装与维护从业者和爱好者参考使用。

图书在版编目(CIP)数据

计算机组装与维护项目教程／万钊友,陶建主编
. -- 2 版. -- 北京：北京理工大学出版社,2021.10
ISBN 978-7-5763-0513-5

Ⅰ.①计… Ⅱ.①万… ②陶… Ⅲ.①电子计算机-组装-职业教育-教材②计算机维护-职业教育-教材
Ⅳ.①TP30

中国版本图书馆 CIP 数据核字(2021)第 211193 号

出版发行／北京理工大学出版社有限责任公司
社　　址／北京市海淀区中关村南大街 5 号
邮　　编／100081
电　　话／(010)68914775(总编室)
　　　　　(010)82562903(教材售后服务热线)
　　　　　(010)68944723(其他图书服务热线)
网　　址／http://www.bitpress.com.cn
经　　销／全国各地新华书店
印　　刷／定州市新华印刷有限公司
开　　本／889 毫米×1194 毫米　1/16
印　　张／11.5
字　　数／222 千字
版　　次／2021 年 10 月第 2 版　2021 年 10 月第 1 次印刷
定　　价／65.00 元

责任编辑／张荣君
文案编辑／张荣君
责任校对／周瑞红
责任印制／边心超

计算机组装与维护是院校电子与信息大类中的计算机类专业和电子信息类部分专业的核心课程。本书围绕计算机组装与维护工作岗位必须掌握的知识和技能进行编写,基于项目教学和任务驱动模式构建教材体系,包括认识计算机系统、认识和选购计算机配件、组装计算机、设置 BIOS、安装操作系统、接入网络、维护计算机系统、检测和分析计算机常见故障 8 个学习项目,项目下设多个任务、操作实践、拓展阅读、项目小结、思考与练习和项目工单。本书附录还介绍了常见计算机英文故障提示及处理。

本书在编写过程中,摒弃以往"就知识讲知识"的传统做法,把知识点的学习与专业技能的训练有机地结合起来,从学生的认知能力出发,从最有利于学生学习的角度来组织教材,充分体现"以学生为中心"的主导思想,通过项目和任务驱动教学,培养学生专业能力、职业核心能力和独立解决问题的能力;以学生职业能力为培养靶向目标,将专业知识、工作方法与职业素养深度融合,通过学习方法培养、技能手段训练、职业习惯养成三方面,搭建有效课堂的专业知识框架,突出"做中学、做中教"的教育特色。

本书的编写还具有以下几个特点。

一是"数字资源"。学生可以通过扫描二维码浏览或下载文本、视频、拓展阅读等多种数字资源。

二是"课程思政"。教材将进取精神、奋斗精神、工匠精神、爱国精神等有机融合,加强社会主义核心价值观教育;同时,积极响应国家战略,将信息技术创新(简称"信创")、自主可控有机融入。

三是"任务驱动"。教材有效融入 1+X 标准,以典型工作任务为载体,以学生为中心,以能力培养为本位,注重理论够用、技能训练为主的编写思路。

本书的大部分任务训练建议以小组合作方式进行,以激发团队智慧,更好地完成相应任务。每个小组人数建议为 4~6,选出组长 1 人,负责任务分配、组内问题解决和冲突协调等。

本书的项目工单提供电子稿下载,以供任课教师根据需要进行修改后分发给学生,然后以电子稿形式收取作业。教师也可以将项目工单打印出来,交给学生进行小组讨论和学习,完成后以纸质形式上交作业。

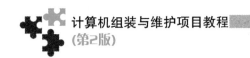

本书使用的项目工单已经过编者数年教学实践检验并根据行业发展不断调整内容,学生反馈良好。本次出版前编写组对项目工单做了进一步优化,使之更适合能力培养、情景教学和小组讨论学习使用。

本书的拓展阅读部分,主要是涉及信息技术创新(简称"信创")和信息安全的相关内容,学生可以根据自己的需要进行拓展学习。

本书在编写过程中参阅了大量的网络资料,作者已尽可能在书中相应位置中列出,在此对它们的作者表示感谢。因疏漏或因网络引用出处不详没有列出者,在此表示深深的歉意。由于编者水平有限,书中难免会出现不足和错误之处,敬请广大读者批评指正。针对全书内容选取、编排和项目工单设计等方面有好的建议请发邮件至 291589120@ qq. com。

编　者

CONTENTS 目录

项目一
认识计算机系统

【学习目标】

了解计算机的发展概况。

理解计算机的基本工作原理。

掌握计算机系统的组成。

了解计算机的类型。

认识国产计算机和操作系统。

任务一 　认识计算机的发展概况与基本工作原理

【任务描述】

在进行计算机组装与维护之前，需要先对计算机系统相关知识有较为深入的理解，其中就包括认识计算机的发展概况，理解微型计算机的基本工作原理。

【任务实施】

计算机（Computer）俗称电脑，是一种用于高速计算的电子机器，可以进行数值计算，也可以进行逻辑计算，还具有存储、记忆功能，是能够按照程序运行，自动、高速地处理海量数据的现代化智能电子设备。

1946年2月14日，世界上第一台现代计算机 ENIAC 在美国宾夕法尼亚大学诞生，如图1-1所示。宾夕法尼亚大学莫奇利博士和他的学生埃克特设计了以真空管取代继电器的"电子化"计算机——ENIAC。这部机器使用了18 800个真空管，长50英尺（1英尺＝30.48厘米），宽30英尺，占地1 500平方英尺，重达30吨（大约是一间半的教室大，6只大象重）。它的计算速度快，每秒可执行5 000次的加法运算。这样的大机器耗电量很大，真空管的损耗率也相当高，几乎每15分钟就要烧坏一支真空管。

图1-1　世界上第一台计算机 ENIAC

在以后的几十年里，电子计算机的发展极其迅速，先后经历了电子管、晶体管、小规模集成电路、大规模集成电路和超大规模集成电路的演变。计算机的应用领域从最初的军事科研应用扩展到社会的各个领域，已形成了规模巨大的计算机产业，带动了全球范围的技术进步，由此引发了深远的社会变革。计算机已遍及一般学校、企事业单位，进入寻常百姓家，成为信息社会中必不可少的工具。

1. 认识计算机的发展概况

1）第1代：电子管计算机（1946—1958年）。

在硬件方面，电子管计算机使用真空电子管作为逻辑元件，以汞延迟线电子管等作为存储器元件，用机器语言和汇编语言编程，多用于军事和科学计算领域。

电子管计算机的特点是体积大、功耗高、可靠性差、速度慢（一般为每秒运算数千次至数万次）、价格昂贵，但为以后的计算机发展奠定了基础。电子管计算机如图1-2所示。

2）第2代：晶体管计算机（1958—1964年）。

晶体管计算机主要采用晶体管等半导体器件，以磁芯、磁鼓、磁盘等作为存储器，采用算法语言编程，并提出了操作系统的概念。应用领域以科学计算和事务处理为主，并开始进入工业控制领域。晶体管计算机的特点是体积缩小、能耗降低、可靠性提高、运算速度提高（一般为每秒运算数十万次，可高达300万次）、性能比第1代计算机有很大的提高。

图1-2　电子管计算机

3）第3代：中、小规模集成电路计算机（1964—1970年）。

硬件方面，逻辑元件采用中、小规模集成电路，主存储器采用半导体存储器。软件方面出现了分时操作系统以及结构化、规模化程序设计方法。中、小规模集成电路计算机的特点是速度更快（一般为每秒运算数百万次至数千万次），而且可靠性有了显著提高，价格进一步下降，产品走向了通用化、系列化和标准化等，应用领域开始进入文字处理和图形图像处理领域。

4）第4代：大规模和超大规模集成电路计算机（1971年至今）。

硬件方面，逻辑元件采用大规模和超大规模集成电路。软件方面出现了数据库管理系统、网络管理系统和面向对象语言等。1971年世界上第一台微处理器在美国硅谷诞生，开创了微型计算机的新时代。应用领域从科学计算、事务管理、过程控制逐步走向家庭。

由于集成技术的发展，半导体芯片的集成度更高，每块芯片可容纳数万乃至数百万个晶体管，并且可以把运算器和控制器都集中在一个芯片上，从而出现了微处理器，并且可以用微处理器和大规模、超大规模集成电路组装成微型计算机（微型机），就是我们常说的微电脑或个人计算机。微型计算机体积小、价格便宜、使用方便，但它的功能和运算速度已经达到甚至超过了过去的大型计算机。利用大规模、超大规模集成电路制造的各种逻辑芯片，已经制成了体积并不很大，但运算速度可达一亿甚至几十亿次的计算机。

随着物理元器件的变化，不仅计算机主机经历了更新换代，它的外部设备也在不断地发生着变革。例如外存储器，由最初的阴极射线示波管发展到磁芯、磁鼓，之后又发展为通用的磁盘，到现在的固态硬盘技术已经发展得非常成熟。

计算机发展的趋势如下。

（1）计算机的处理技术不断提高。

（2）计算机的体积不断减小。

（3）计算机的价格不断降低。

（4）计算机信息处理多媒体化。

（5）计算机与通信技术的结合进入"网络化"时代。

2. 理解微型机的工作原理

目前，微型机硬件主要由运算器、控制器、存储器、输入设备和输出设备组成。计算机内采用二进制进行运算。每条指令执行时，控制器先将要执行的指令和数据从内存储器中取出，然后通过对指令的译码，控制运算器对数据进行相应操作或处理，运算的结果传回给内存储器，内存储器在控制器的控制下经输出设备输出数据。同时，控制器能够根据指令执行的结果，控制输入设备给内存储器传送下一条要执行的指令。这样，微型机就能够一条指令接一条指令地自动运行下去，如图1-3所示。

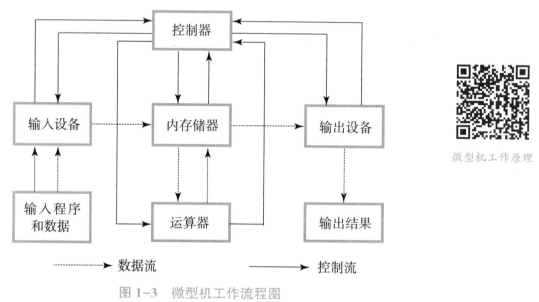

微型机工作原理

图 1-3　微型机工作流程图

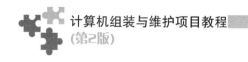

任务二　认识计算机系统的组成

【任务描述】

通过本任务的学习，认识计算机系统的组成，理解硬件系统和软件系统的作用。

【任务实施】

计算机系统由硬件系统和软件系统两个部分组成。其中，硬件系统包括运算器、控制器、存储器、输入设备和输出设备5个部分，软件系统又分为系统软件和应用软件，如图1-4所示。

1. 硬件系统

计算机硬件是指组成一台计算机的各种物理装置。通俗地理解，计算机硬件就是组成一台计算机所必需的一大堆各类零件或设备，它们是计算机工作的物质基础。计算机硬件系统包括以下几个部分。

1）中央处理器。

中央处理器（Central Processing Unit，CPU），由运算器和控制器组成，是任何计算机系统都必备的核心部件。

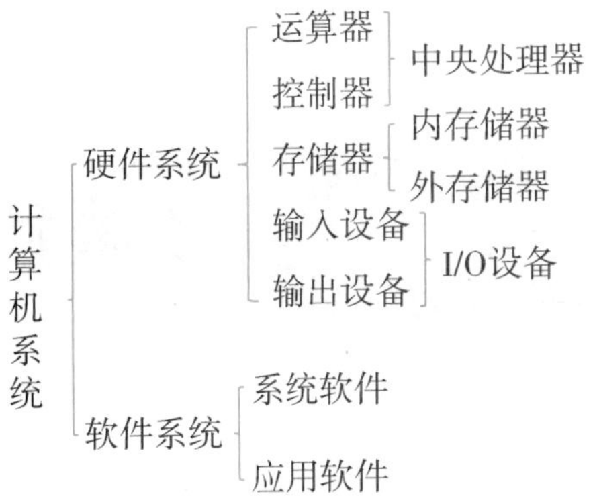

图 1-4　计算机系统的组成

2）存储器。

存储器是计算机的记忆部件，用于存放计算机进行信息处理必需的原始数据、中间结果、最终结果和指示计算机工作的程序。

存储器分为内存储器（内存）和外存储器（外存）两类。内存储器又称为主存储器，其有着读写速度快，但存储容量较小的特点，如计算机主机内的内存条就是典型的内存储器。外存储器又称为辅助存储器，其有着读写速度相对较慢，但存储容量较大的特点。常见的外存储器有硬盘、U 盘、光盘等。

3）输入设备。

输入设备（Input Device）是用户与计算机进行交互的一种装置，用于把原始数据和处理这些数据的程序输入计算机。计算机能够接收各种各样的数据，既可以是数值型的数据，也可以是非数值型的数据，如图形、图像、声音等都可以通过不同类型的输入设备输入计算机，进行存储、处理和输出。键盘、鼠标、摄像头、扫描仪、光笔、手写输入板、游戏操纵杆、语音输入装置等都属于输入设备。

4）输出设备。

输出设备（Output Device）是计算机的终端设备，用于接收计算机数据的输出显示、打印、输出声音、控制外围设备操作等，把各种计算结果的数据或信息以数字、字符、图像、声音等形式表现出来。如显示器、打印机、音箱等都属于输出设备。

2. 软件系统

计算机软件系统包括系统软件和应用软件，是在硬件设备上运行的各类程序，是用户与硬件之间的接口。

1）系统软件。

系统软件用于实现计算机系统的管理、调度、监视和服务等功能，包括操作系统、语言处理程序和服务程序等，其中操作系统是最重要的系统软件。

2）应用软件。

应用软件是为了某种特定的用途而开发的软件，它可以是一个特定的程序，比如一个图像浏览器，也可以是一组功能联系紧密，可以互相协作的程序的集合，比如金山公司的 WPS Office 软件、腾讯公司的 QQ 等。

任务三 了解计算机的类型

【任务描述】

通过本任务的学习，了解计算机的分类。

【任务实施】

对于计算机的类型，可以从不同的角度进行分类。

1. 根据微处理器的位数分类

微处理器的处理位数是由运算器并行处理的二进制位数决定的。具有不同处理位数的微处理器，其性能是不同的。处理位数越多，性能就越强。

按微处理器的位数来分，当前主流的微处理器主要有 32 位和 64 位。

2. 根据结构形式分类

1）单片机。

把微处理器、存储器、输入/输出接口都集成在一块集成电路芯片上，这样的微型计算机叫作单片机。它的最大优点是体积小，可放在仪表内部，输入/输出接口简单，但存储量小，功能较弱，广泛应用于智能化仪器、仪表、家用电器、工业控制等领域。

2）单板机。

将计算机的各个部分都组装在一块印制电路板上，包括微处理器、存储器、输入/输出接口，还有简单的七段发光二极管显示器、小键盘、插座等。功能比单片机强，适于生产过程的控制，可以直接在实验板上操作，适用于工业控制及教学实验等领域。

3）个人计算机。

个人计算机（Personal Computer，PC），实际上是一个计算机系统。它将主板、微处理器、内存、若干输入/输出接口卡、外部存储器、电源等部件组装在一个机箱内，并配置显示器、键盘、打印机等基本外部设备。PC 具有功能强、配置灵活、软件丰富等特点，广泛应用于办公、商业、科研等众多领域，它是一种最普及的微机系统。

台式机、笔记本电脑、平板电脑等都属于 PC 的范畴。

3. 根据外形分类

按外形来分，计算机可分为服务器、工作站、台式机、笔记本电脑和手持设备五大类。

4. 根据配置方式分类

根据配置方式分类，计算机主要有品牌机（原装机）和组装机两种。

20世纪末期，在激烈的市场竞争下，许多公司被收购、吞并或破产倒闭，坚持下来的公司都具备了成熟的技术水平，拥有了自己的市场。此后，一般都将诸如联想、戴尔等厂商生产的计算机称为品牌机，如图1-5为采用飞腾系列国产CPU的长城品牌机。

许多对计算机软、硬件有一定了解的爱好者，喜欢根据自己的使用需求选取不同的配件，自行组装计算机。这种自行采购各类配件进行组装的计算机称为组装机，如图1-6所示。

图1-5　国产长城品牌机　　　　　　　　图1-6　组装机

5. 根据发展阶段分类

1）大型主机阶段。20世纪40年代至50年代，是第一代电子管计算机的时代。经历了电子管计算机、晶体管计算机、集成电路计算机和大规模集成电路计算机的发展历程，计算机技术逐渐走向成熟。

2）小型计算机阶段。20世纪60年代至70年代，是对大型主机进行了第一次"缩小化"的时期，这样的计算机可以满足中小企业、事业单位的信息处理要求，成本较低，价格可接受。

3）微型计算机阶段。20世纪70年代至80年代，是对大型主机进行了第二次"缩小化"的时期。1976年美国苹果公司成立，1977年就推出了Apple II计算机，大获成功。1981年IBM公司推出IBM-PC，此后它经历了若干代的演进，占领了PC市场，使PC得到了很大的普及。

4）客户机/服务器阶段，即C/S阶段。在客户机/服务器网络中，服务器是网络的核心，而客户机是网络的基础。客户机向服务器获取所需要的网络资源，而服务器为客户机提供必需的网络资源。C/S结构的优点是能充分发挥客户机的处理能力，很多工作可以在客户机处理后再提交给服务器，大大减轻了服务器的压力。

5）Internet阶段，也称互联网、因特网或网际网络阶段。互联网是广域网、局域网及单机按照一定的通信协议组成的国际计算机网络。互联网具有全球性、海量性、匿名性、交互性、

成长性、即时性、多媒体性等特征。

6）云计算阶段。从 2008 年起，云计算（Cloud Computing）的概念逐渐流行起来，它正在成为一个通俗和大众化的词语。企业与个人用户无须再投入昂贵的硬件购置成本，只需要通过互联网来购买、租赁计算力，用户只需为自己需要的功能付费，从而节约其他不必要的成本。

【拓展阅读】

扫一扫

中国量子计算机"九章"

【项目小结】

- 计算机的发展和基本工作原理。
- 计算机的系统组成和分类方法。

【思考与练习】

1. 填空题

1）_____年_____月_____日，世界上第一台计算机 ENIAC 在_____诞生。

2）计算机系统主要由_____和_____两大部分组成。

3）计算机的硬件主要由_____、_____、_____、输入设备、输出设备和总线组成，软件主要由_____软件和_____软件组成。

4）微处理器的处理位数是由运算器并行处理的二进制位数决定的。具有不同处理位数的微处理器，其性能是不同的。处理位数越多，性能就越_____。

5）按外形来分类，计算机分为_____、_____、台式机、笔记本电脑和手持设备五大类。

2. 选择题

1）第二代计算机使用的电子器件是（_____）。

A. 电子管　　　　　　　　　　　　B. 晶体管

C. 小规模集成电路　　　　　　　　D. 大规模和超大规模集成电路

2）微机中运算器所在的位置是（　　　）。

A. 内存　　　　　　　B. CPU　　　　　　　C. 硬盘　　　　　　　D. 光盘

3）执行应用程序时，和 CPU 直接交换信息的部件是（　　　）。

A. U 盘　　　　　　　B. 硬盘　　　　　　　C. 内存　　　　　　　D. 光盘

4）计算机中所有信息的存储都采用（　　　）。

A. 十进制　　　　　　　　　　　　B. 十六进制

C. ASCII 码　　　　　　　　　　　D. 二进制

5）目前，大多数用户使用的操作系统是（　　　）。

A. DOS　　　　　　　B. UNIX　　　　　　　C. Linux　　　　　　　D. Windows 系列

6）硬盘存储（　　　），存储的数据不会因为断电而丢失。

A. 容量大，单位成本低　　　　　　B. 容量大，单位成本高

C. 容量小，单位成本低　　　　　　D. 容量小，单位成本高

3. 简答题

1）简述计算机的发展历程。

2）根据冯·诺依曼原理，简述微型机的工作原理。

【项目工单】

认识国产计算机和操作系统

1. 项目背景

慧明公司为了响应国家信息技术创新政策，决定选购一批纯国产计算机，为我国计算机的国产化进程出一份绵薄之力。

2. 预期目标

为了达到公司要求，项目组需要通过多种渠道了解和认识国产计算机和操作系统的发展情况。具体要求如下。

1）了解和认识国产计算机硬件。

2）了解和认识国产操作系统。

3. 项目资讯

1）我国在信息技术领域被有关国家实施技术限制，主要体现在哪些方面？

2）你能列举出几款国产计算机或操作系统？

_____

_____ o

3）你准备为国家的信息技术创新做点什么？

_____

_____ o

4. 项目计划

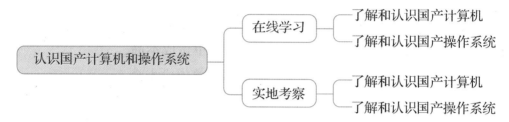

5. 项目实施

1）实施过程。

（1）在线了解和认识国产计算机硬件。

（2）在线了解和认识国产操作系统。

（3）走进本地的一家信创公司，实地了解和认识国产计算机和操作系统。

2）实施效果。

通过在线学习和实地考察等方式，了解国产计算机和操作系统，加深对国产计算机的认识。

6. 项目总结

1）过程记录。

序号	内容	思考及解决方法
1	【示例】了解自主可控计算机品牌：联想、长城、清华同方……	通过电商平台搜索"自主可控电脑"关键词，对结果进行收集与分类
2		
3		
4		
5		
6		

2）工作总结。

7. 项目评价

内容	评分	教师评语
项目资讯（10 分）		
项目实施（70 分）		
项目总结（10 分）		
其他（10 分）		
总分		

项目二
认识和选购计算机配件

【学习目标】

认识主机部件。

认识存储设备。

认识基本输入/输出设备。

能选购主机部件。

能选购存储设备。

能选购基本输入/输出设备。

了解国家信息技术创新发展核心战略——自主可控。

任务一 ▶ 认识和选购主机部件

【任务描述】

对组装计算机来说，主机箱内的部件多且参数繁杂，在组装计算机前，要能正确认识主板、CPU、内存条、机箱和电源等部件，然后根据需求分析和性价比高的原则进行选购。

【任务实施】

主机主要由主板、CPU、内存条、硬盘、各类输入/输出（I/O）接口卡、机箱和电源等部件组成。

1. 认识和选购主板

1）主板的作用。

主板，又叫主机板（Main Board）、系统板（System Board）或母板（Mother Board）。它实际上是一块电路板，上面安装了各式各样的电子零件并布满了大量的电子线路。当计算机工作时由输入设备输入数据，由 CPU 完成大量的数据运算，再由主板负责将运算结果输送到各个设备，最后经输出设备传递信息到我们的感官。由此看来，主板的地位相当重要。

主板采用了开放式结构。主板上有 6~15 个扩展插槽，供计算机外围设备的控制卡（适配器）插接。通过更换这些控制卡，可以对计算机的相应子系统进行局部升级，使厂家和用户在配置机型方面有更大的灵活性。总之，主板在整个计算机系统中扮演着举足轻重的角色。可以说，主板的类型和档次决定着整个计算机系统的类型和档次，主板的性能影响着整个计算机系统的性能。

2）主板的组成。

主板是一块安装各种插件和控制芯片的电路板，如图 2-1 所示，其电路结构和工作原理比较复杂。大致来说，主板由系统总线、CPU 插槽（或插座）、CMOS 芯片、后备电池、内存条插槽、总线扩展槽、I/O 接口、跳线插针、机箱面板指示灯及控制按键插针、逻辑控制芯片组等部分组成。

（1）系统总线。

在计算机工作过程中，各部件之间要快速传递各种信息，而这些信息传递是通过微型计算机中的信息高速公路——系统总线实现的。

①数据总线（Data Bus，DB）。

数据总线用于 CPU 与主存储器、CPU 与 I/O 接口之间传送数据。数据总线的宽度等于

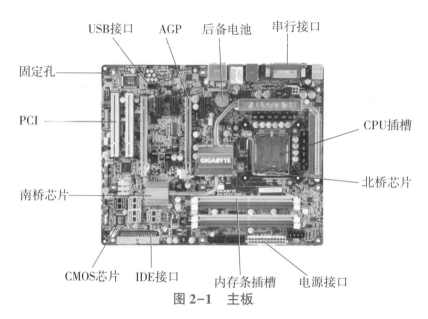

固定孔
USB接口　AGP　后备电池　串行接口
PCI
CPU插槽
北桥芯片
南桥芯片
CMOS芯片　IDE接口　内存条插槽　电源接口

图 2-1　主板

CPU 的字长。

②地址总线（Address Bus，AB）。

地址总线用于 CPU 访问主存储器或外部设备时传送相关的地址。地址总线的宽度决定了 CPU 的寻址能力。

③控制总线（Control Bus，CB）。

控制总线用于传送 CPU 对主存储器和外部设备控制的信号。

（2）CPU 插槽。

CPU 插槽（见图 2-2）是主板上安装 CPU 的地方，当前主流的 CPU 插槽主要包括 LGA（触点式）和 Socket（针脚式）两种，对应的 CPU 封装方式分别是栅格阵列（land Grid Array，LGA）封装和插针阵列（Pin Grid Array，PGA）封装。

> **小提示**：当前多数国产个人计算机的 CPU（如龙芯 3A5000）主要采用球阵列（Ball Grid Array，BGA）封装。在移动 CPU 封装领域，大部分 Intel 移动 CPU、AMD 低压处理器、手机处理器等也使用 BGA 封装。

①LGA 插槽。

该类插槽适用的 CPU 为触点式，常见的接口有 LGA1156、LGA1155、LAG2011、LGA1151、LGA2066、LGA1200、LGA1700 等，如 Intel 酷睿 i9 12900KS CPU 使用的就是 LGA1700 接口。

②Socket 插槽。

该类插槽适用的 CPU 为针脚式，常见的接口有 Socket AM2、Socket AM2+、Socket AM3、Socket AM3+、Socket AM4、Socket sTRX4、Socket TR4 等。AMD 大部分家用桌面处理器、Intel 大部分以 M 和 MQ 结尾的移动处理器几乎都在使用 Socket 接口，如 AMD 锐龙 Threadripper 2970WX CPU 使用的就是 Socket TR4 接口。

图 2-2　CPU 插槽

（3）CMOS 芯片。

在主板上往往有一些不太起眼，但十分重要的芯片，就是存放 BIOS 信息的 CMOS 芯片。

①BIOS。

BIOS 即基本输入输出系统（Basic Input Output System），是只读存储器基本输入输出系统的简写。它实际是一组固化到主板 CMOS 芯片上的程序，其主要功能是为计算机提供最底层的、最直接的硬件设置和控制。它是软件程序和硬件设备之间的枢纽。形象地说，BIOS 是连接软件程序与硬件设备的一座"桥梁"，负责解决硬件的即时要求。一块主板的性能，很大程度上取决于 BIOS 程序的管理是否合理、先进。

②CMOS 芯片。

CMOS 芯片是互补金属氧化物半导体（Complementary Metal-Oxide-Semiconductor，CMOS）组成的一种大规模集成电路，是计算机主板上的一块可读写的随机存取存储器（Random Access Memory，RAM）芯片，用来保存当前系统的硬件配置信息和用户对某些参数的设定信息。CMOS 芯片可由主板的后备电池供电，即使系统断电，信息也不会丢失。CMOS 芯片如图 2-3 所示。

图 2-3　CMOS 芯片

③BIOS 的功能。

a. 开机引导；

b. 上电自检（POST）；

c. 加载 I/O 设备驱动程序；

d. 分配中断值；

e. 装入系统自举程序。

小提示：UEFI BIOS 已经没有上电自检和中断（IRQ）管理功能，它通过开机直接载入 UEFI 驱动程序来进行硬件检测、开机管理和软件设置。

（4）后备电池。

主板上有个亮银色的圆形物体，大小如纽扣一般，如图 2-4 所示，它就是主板的不间断电源，它可以帮助计算机的内部时钟不会因为断电而停止，CMOS 芯片中保存的硬件配置信息也不会因为断电而丢失。如果没有这颗电池或这颗电池供电不足，计算机启动时可能会提示异常，还可能导致计算机进入操作系统后某些应用程序无法工作或工作异常。

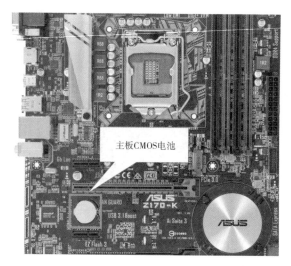

图 2-4　主板上的电池

（5）内存条插槽。

内存条插槽是指主板上用来安装内存条的接口。主板所支持的内存条类型和数量都由内存条插槽来决定。目前主要用于主板的内存条插槽有 SIMM、DIMM 和 RIMM 等类型。

①SIMM（Single Inline Memory Module，单列直插式内存组件）。

SIMM 插槽是早期 AT 型主板上常见的内存条插槽，插槽里只有一面"金手指"（硬件上手指状的导电触片）用来传输数据。SIMM 可分为 30 Pin（Pin 为线）的 16 位内存条插槽和 72 Pin 的 32 位内存条插槽。

②DIMM（Dual Inline Memory Modules，双列直插式内存组件）。

DIMM 插槽与 SIMM 插槽相当类似，不同的是 DIMM 插槽的"金手指"两端不像 SIMM 插槽那样是互通的，它们各自独立传输信号，因此可以满足更多数据信号的传输需要，如图 2-5 所示。

③RIMM（Rambus Inline Memory Module）。

RIMM 插槽是 Rambus 公司生产的 Rambus 动态随机存储器（Dynamic Random Access Memory，DRAM）所采用的插槽，RIMM 内存条插槽的外形尺寸与 DIMM 差不多，"金手指"同样也是双面的。RIMM 有 184 Pin 的针脚（"金手指"每面为 92 Pin），在"金手指"的中间部分有

图 2-5　DIMM 内存条插槽

两个靠得很近的卡口。因为 Rambus DRAM 是以串行方式读写，所以必须将主板上的 RIMM 插槽全部插满，空余的插槽必须使用阻断板替代，否则系统无法运行，目前 RIMM 插槽在市场上比较少见。

（6）总线扩展槽。

总线是指 CPU 与外部设备之间进行数据交换的通道。如果把主板上流动的信息，包括数据和指令比作血液的话，那么总线就相当于一个人的血管，它的大小决定着主板上的信息在单位时间内通过的量，即信息传递的速率。

①AGP。

加速图形端口（Accelerate Graphical Port，AGP）总线只能安装 AGP 显卡，它将显卡同主板内存芯片组直接相连，大幅度提高了计算机对 3D 图形的处理速度。AGP 插槽（见图 2-6）为棕色，其时钟频率为 66 MHz，数据传输率为256 MB/s。AGP 工作模式有 AGP1X、AGP2X、AGP4X 和 AGP8X 4 种，其对应的数据传输率分别为 266 MB/s、533 MB/s、1066 MB/s 和 2.1 GB/s。其中 AGP4X 的插槽和"金手指"与 AGP1X、AGP2X 的都不一样。AGP4X

图 2-6　AGP 插槽

的插槽中没有另外两种插槽有的隔断，但"金手指"部分的缺口却比另外两种插槽多了一个。目前，AGP 总线已经被 PCI-Express 总线取代，所以主流主板上已经没有 AGP 插槽了。

②PCI。

外设部件互连（Peripheral Component Interconnection，PCI）总线是使用非常广泛的一种总线形式，颜色为白色，具有 32 位地址总线和数据总线，最高为 64 位，时钟频率为 33 MHz，最大数据传输率为 133 MB/s。PCI 总线和 CPU 直接相连，即外部设备可以直接和 CPU 进行数据交换，支持即插即用功能。PCI 插槽如图 2-7 所示。

③PCI-Express。

PCI-Express 是最新的总线接口标准，它原本名为"3GIO"，最早由 Intel 公司提出，其设计目的是为了取代原有的计算机系统总线传输接口标准，后来经 PCI-SIG（PCI 特殊兴趣组织）认证发布后才改为"PCI-Express"。它的主要优势就是数据传输速率高，目前最高可为 10 GB/s 以上，而且还有相当大的发展潜力。PCI-Express 也有多种规格，从 PCI-Express X1 到 PCI-Express X32，能满足一定时间内出现的低速设备和高速设备的需求。PCI-Express 插槽如图2-8 所示。

图 2-7　PCI 插槽

图 2-8　PCI-Express 插槽

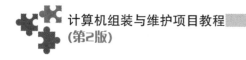
（7）I/O 接口。

计算机的 I/O 接口用来连接各种输入/输出设备，是外部设备与主板之间进行数据交换的通道，包括 IDE 接口、SATA 接口、串行接口、PS/2 接口、USB 接口、M.2 接口和 Wi-Fi 天线接口等。在计算机系统中采用标准接口技术，目的是便于模块化设计，以使更多厂商生产和开发与之兼容的外部设备和软件。不同类型的外部设备需要不同的接口，不同的接口是不通用的。

①IDE 接口。

电子集成驱动（Integrated Drive Electronics，IDE）接口主要用来连接老式硬盘和光盘驱动器等，因其传输速率低等特点，现在已经被淘汰。

②SATA 接口。

串行先进技术附属总线（Serial Advanced Technology Attachment，SATA）接口的主要功能是用作主板和大量存储设备（如硬盘及光盘驱动器）之间的数据传输。SATA 有 1.0、2.0 和 3.0 三种接口标准（数据传输速率分别为 1.5 bit/s、3 bit/s 和 6 bit/s），当前主流的是 SATA 3.0 接口。

③串行接口。

主板上的串行接口为 9 针双排针式插座，标有 COM 字样。

④PS/2 接口。

PS/2 接口是一种 PC 兼容型计算机系统上的接口，可以用来连接键盘及鼠标。

⑤USB 接口。

通用串行总线（Universal Serial Bus，USB）接口是计算机系统连接外围设备（如键盘、鼠标、打印机等）的输入/输出接口。USB 接口的发展经历了多次版本替换，当前常见的为 USB 2.0 和 USB 3.0 两种。此外，USB 接口的最新发展趋势为 USB Type-C 接口，是一种既可以应用于 PC，又可以应用于移动设备（如手机）的接口类型。

USB 有如下特点。

a. 外设的安装十分简单，支持即插即用和热插拔；

b. 对一般外设有足够的带宽和连接距离；

c. 支持多设备连接；

d. 提供内置电源。

⑥M.2 接口。

M.2 接口是一种固态硬盘新型接口，是 Intel 公司推出的一种替代 mSATA（mini-SATA，迷你版 SATA）接口的新接口规范，在现在的主流主板上都能看到 M.2 接口。与 mSATA 接口相比，M.2 接口读写速度更快，体积也更小。

⑦Wi-Fi 天线接口。

带有 Wi-Fi 无线网卡的主板，可以实现与手机和笔记本电脑一样的无线上网功能。通常，主板包装盒里面会附带 Wi-Fi 天线模块,用于安装到 Wi-Fi 天线接口上。

此外,主板上还有用于连接主机电源的电源接口、用于连接网络水晶头的 RJ45 网卡接口、用于输入/输出音频的声卡接口、用于连接打印机的 LPT 并行接口、用于实现数字声音信号输入/输出的 S/PDIF 接口等。各种接口在主板上的分布如图 2-9、图 2-10 所示。

图 2-9 各种接口

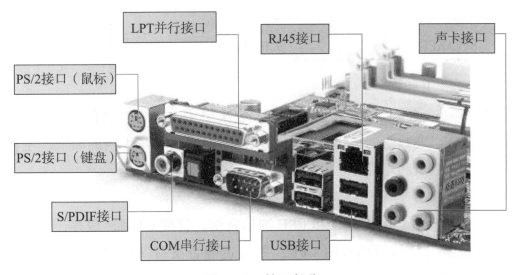

图 2-10 接口部分

(8)跳线插针。

跳线是可以在主板上进行各种硬件设置的设备,通过这些设置可以规定主板安装硬件的型号和规格。现在的主板,需要跳线的地方越来越少了,但是还是有几个地方需要用到跳线。

例如:使用 CMOS 放电跳线。

现在的大多数主板设计有 CMOS 放电跳线以方便用户进行放电操作,这是较常用的 CMOS

放电方法。该放电跳线一般为三针，位于主板 CMOS 电池插座附近，并附有电池放电说明。在主板的默认状态下，跳线帽连接在标识为"1"和"2"的针脚上，从放电说明可以知道此时的状态为"Normal"，即正常使用。

要使用该跳线来放电，首先用镊子或其他工具将跳线帽从"1"和"2"的针脚上拔出，然后和标识为"2"和"3"的针脚连接，从放电说明可以知道此时的状态为"Clear CMOS"，即清除 CMOS。经过短暂的接触后，就可清除用户在 CMOS 内的各种手动设置信息，从而恢复到主板出厂时的默认设置。

对 CMOS 放电后，需要再将跳线帽从"2"和"3"的针脚上取出，然后重新连接到原来的"1"和"2"针脚。注意，如果没有将跳线帽恢复到"Normal"状态，则无法启动计算机，并且会有报警声提示。

（9）机箱面板指示灯及控制按键插针。

机箱面板指示灯及控制按键插针如表 2-1 所示。

表 2-1　机箱面板指示灯及控制按键插针

标　注	含　义
RESET	复位开关
RESET SW	复位控制按键插针
POWER LED	电源指示灯
POWER SW	电源控制按键插针
HDD LED	硬盘指示灯
SPEAKER	机箱喇叭

（10）逻辑控制芯片组。

芯片组（Chipset）是主板的核心组成部分，它决定了主板的级别和档次，影响整台计算机的系统性能的发挥。芯片组的优劣，决定了主板性能的好坏与级别的高低。主板上最重要的芯片组就是南桥芯片组和北桥芯片组。

①北桥芯片组。

特征：离 CPU 较近，尺寸较大，和 CPU 通信密切，管理 L2 高速缓存；一般配有散热片或风扇；决定主板能安装何种档次的 CPU，并决定能否支持 AGP 接口、PCI 接口和 PCI-Express 接口；决定所使用的内存类型、最大容量及差错校验（Error Checking and Correction，ECC）等。

②南桥芯片组。

特征：离 CPU 较远，提供标准的 I/O 芯片，用于管理计算机中各个设备的接口及总线，控制键盘控制器、时钟、电源等。

小提示： 目前，主流主板已将传统北桥芯片的主要功能集成到了 CPU，将其余功能与传统的南桥芯片一起整合到单一芯片中，习惯上还是将这个单一芯片称为"芯片组"。

3）主板的分类。

（1）按照芯片组分类。

常见的芯片组有支持 Intel 公司系列 CPU 的 B560、B660、H510、X299、Z590 等，也有支持 AMD 公司系列 CPU 的 A520、B550、X570 等。每一种芯片组前面第一个字母，代表该主板的档次，具体含义如下。

①支持 Intel 系列 CPU 的芯片组。

X 字母：高端芯片组，用来搭配高端 CPU，一般 CPU 型号后缀有"X"字母。

Z 字母：中高端芯片组，Z 字母开头的主板都支持超频，搭配的 CPU 一般带有"K"字母后缀，比如 Z590 主板就能搭配 i7-11700K 等 CPU。

B 字母：中端芯片组，这种主板不支持超频。B 开头的主板性价比最高，主要搭配不带"K"字母后缀的 CPU，是当前用户购买的主流。比如 B560，就能使用 i5-11500 等 CPU。

H 字母：代表入门级芯片组，规格一般较低，不支持超频。这种芯片组的主板，后期扩展性不高，适用于预算较低且没有后期升级打算的群体。

②支持 AMD 系列 CPU 的芯片组。

X 字母：高端芯片组，支持自适应动态扩频超频，用来搭配 AMD 系列 CPU 中带"X"字母后缀的 CPU。

B 字母：中端芯片组，可以超频，不支持完整的自适应动态扩频超频，性价比较高。

A 字母：入门级芯片组，不支持超频，通常作为普通办公用户使用，价格比较便宜。

（2）按主板的结构分类。

主板按其结构可分为 ATX（标准型）、E-ATX（加强型）、M-ATX（紧凑型）和 Mini-ITX（迷你型）等。

①ATX 主板。

ATX 主板是常见的装机板型之一，俗称"大板"或"标准板"，尺寸通常为 244 mm×305 mm，特点是插槽多，扩展性强，一般搭载了较高端的芯片组。华硕 PRO WS WRX80E-SAGE SE WIFI 工作站主板就是一款 ATX 主板，如图 2-11 所示。

②E-ATX 主板。

E-ATX 主板，是 Extended ATX 主板的缩写，主要用于高性能 PC 整机、工作站或服务器等领域。它通常用于双处理器和标准 ATX 主板无法胜任的服务器上，尺寸通常为 305 mm×330 mm，一般采用高性

图 2-11　华硕 PRO WS WRX80E-SAGE SE WIFI 工作站主板

能芯片组，并配合高端 CPU 使用，不建议普通用户采购。华硕 PRIME Z590-P 主板就是一款 E-ATX 主板，如图 2-12 所示。

③M-ATX 主板。

M-ATX 即 Micro ATX，M-ATX 主板也叫微型 ATX 主板，俗称"小板"，尺寸通常为 244 mm×244 mm。其优点是占用空间小，适合安装到较小的主机箱内；缺点是扩展插槽较少（比如内存条插槽减少到 2 个，而一般 ATX 主板是 3~4 个）、散热较差、扩展升级受到限制等。M-ATX 主板多用于品牌机。华硕 TUF GAMING B560M-PLUS WIFI 主板就是一款 M-ATX 主板，如图 2-13 所示。

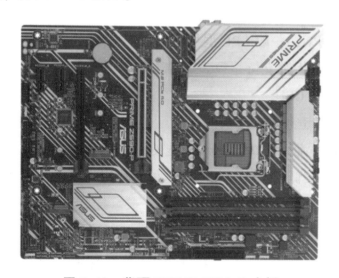

图 2-12　华硕 PRIME Z590-P 主板

图 2-13　华硕 TUF GAMING B560M-PLUS WIFI 主板

④Mini-ITX 主板。

Mini-ITX 是由威盛电子主推的主板规格，尺寸通常为 170 mm×170 mm。由于扩充性不大，Mini-ITX 主要用于嵌入式系统、准系统及家庭影院电脑等而非普通主机。华硕 H410M-ITXac 主板，其结构就是 Mini-ITX 主板，提供了 LGA1200 的 CPU 接口，如图 2-14 所示。

4）主板的选购。

（1）制造工艺。

①观察主板做工是否精细。

②印制电路板（Printed Circuit Board，PCB）的

图 2-14　华硕 H410M-ITXac 主板

层数是否为多层，焊点是否整齐、标准，走线是否简洁、清晰。

③观察主板的电容、电阻、电感线圈等元器件在数量上是否偷工减料，在质量上是否过关。

④观察设计结构布局是否合理，是否有利于其他配件的散热。

⑤观察主板是否通过相应的安全标准认证。

⑥观察主板包装是否为原厂包装，是否完好无损。

⑦清点各种连线、驱动盘、保修卡、合格证等，观察其是否齐全。

（2）品牌。

尽量选购一线品牌的主板，如华硕（ASUS）、微星（msi）、精英（ECS）、技嘉（GIGA-BYTE）、科迪亚（QDI）等。

（3）升级和扩充能力。

一般来说，买主板时都要考虑计算机和主板升级和扩充的能力，比如扩充内存、增加扩展卡、升级 CPU 等方面的能力。主板插槽越多，扩充能力就越好。

（4）稳定性和可靠性。

由于不同生产厂商的设计水平、制作工艺、元器件质量等有差距，因此很难精确测定其稳定性和可靠性，但可通过以下几方面来考虑。

①负荷测试：在主板上尽可能多地插入或接入设备（如内存、独立显卡等），以测试主板能否稳定运行。

②烧机测试：计算机长时间运行时，主板能否稳定运行，系统是否出现停顿或死机现象。

③物理环境测试：改变外部环境，如温度、湿度、震动等。

（5）售后服务。

购买计算机硬件类产品，所关注的不仅仅是规格及价格等表面的东西，还要注意售后及保修服务，免除后顾之忧。

整体来说，选购主板的原则包括：工作稳定，兼容性好；功能完善，扩充能力强；使用方便，可以在基本输入/输出系统（Basic Input/Output System，BIOS）中对尽量多的参数进行调整；厂商售后服务保障到位，维修方便、快捷；价格相对便宜，性价比高。

2. 认识和选购 CPU

CPU 如图 2-15 所示。CPU 主要包括运算器（Arithmetic and Logic Unit，ALU）和控制器（Control Unit，CU）两大部件。此外，它还包括若干个寄存器、高速缓冲存储器及实现它们之间联系的数据、控制及状态的总线。它与内部存储器和输入/输出设备合称为电子计算机三大核心部件。

图 2-15 CPU

CPU 外形一般是矩形片状，中间凸起的指甲大小的、薄薄的硅晶片部分是 CPU 核心，英文名称为"die"。在这块小小的硅晶片上，密布着数千万的晶体管，它们相互配合，协调工作，完成各种复杂的运算和操作。

CPU 的核心部分工作强度大，发热量也大。而且 CPU 的核心部分非常脆弱，为了保障核心部分的安全和帮助其散热，现在的 CPU 一般在其核心部分上加装一个金属盖，该金属盖可以有效避免核心部分受到意外损坏，同时也扩大了核心部分的散热面积。CPU 散热装置如图 2 - 16 所示。

图 2-16 CPU 散热装置

1）CPU 的主要技术指标和参数。

计算机的性能在很大程度上由 CPU 的性能决定，而 CPU 的性能主要体现在其运行程序的速度。影响运行速度的性能指标包括 CPU 的工作频率、高速缓存容量、指令系统和逻辑结构等参数。CPU 的技术指标和参数有以下几个。

（1）主频。

主频也叫时钟频率，是指 CPU 内部的工作频率或时钟频率，表示在 CPU 内数字脉冲信号震荡的速度。当前主流 CPU 的时钟频率单位为 GHz（吉赫兹）。主频的高低直接影响 CPU 的运算速度。一般来说，主频越高，在一个时钟周期内完成的指令数也就越多，当然 CPU 的运算速度也就越快。但值得注意的是，由于各种 CPU 因生产年代、内部结构、制造工艺等不尽相同，哪怕是同一品牌同一系列的 CPU，也不能只看主频就可以决定其性能的高低。如 Intel i5-12400F CPU 的主频为 2.5GHz，i5-10400F CPU 的主频为 2.9GHz，但由于前者属于 Intel i5 系列的第 12 代 CPU，而后者是第 10 代 CPU，所以前者的性能明显要高出许多。

CPU 的主频=外频×倍频系数。主频和实际的运算速度之间存在一定的关系，但并不是一个简单的线性关系。所以，CPU 的主频与 CPU 实际的运算能力没有直接关系。

（2）外频。

CPU 外部的工作频率称为外频，是指 CPU 与外部设备（内存或主板芯片组）之间的数据交换速度。外频越高，CPU 同时接收来自外围设备的数据就越多，从而使整个系统的速度进一步提高。

（3）倍频系数。

倍频系数是指 CPU 主频与外频的相对比例关系。在相同外频的前提下，倍频系数越高，CPU 的频率也越高。但实际上，在相同外频的前提下，高倍频系数的 CPU 本身意义并不大。这是因为 CPU 与系统之间的数据传输速度是有限的，一味追求高主频而得到高倍频系数的 CPU 就会出现明显的"瓶颈"效应——CPU 运算的速度不能够满足 CPU 从系统中得到数据的极限速度。

（4）总线频率。

前端总线是将 CPU 连接到北桥芯片的总线。前端总线频率（即总线频率）直接影响 CPU

与内存的数据交换速度，它和数据位宽共同决定了 CPU 数据传输的最大带宽，其计算公式为：数据带宽＝总线频率×数据位宽÷8。例如，支持 64 位的至强 Nocona CPU，其前端总线频率是 800 MHz，按照公式计算，它的最大数据传输带宽就为 6.4 Gbit/s。

目前，Intel 公司已将内存控制器随北桥芯片整合进了 CPU 中，QPI（快速通道互连，实现 CPU 和集成内存控制器之间的点对点互联）和 DMI（直接媒体接口，实现集成内存控制器和英特尔 I/O 控制器中枢之间的点对点互联）已取代主板上的前端总线，为新一代的处理器提供更快、更高效的数据带宽，如 i5 3470 的 DMI 总线速率可达 5.0 GT/s，即该 CPU 与主板设备之间的最大数据传输量可以达到每秒 5.0 GB。

（5）高速缓存。

高速缓存（Cache）大小也是 CPU 的重要指标之一，而且缓存的结构和大小对 CPU 速度影响非常大，CPU 内高速缓存的运行频率极高，一般是和处理器同频运作，工作效率远远大于系统内存和硬盘。高速缓存一般包括一级缓存、二级缓存和三级缓存，其工作原理如图 2-17 所示。

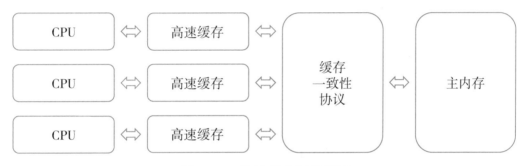

图 2-17 高速缓存运行原理

L1 Cache（一级缓存）是 CPU 的第一层高速缓存，分为数据缓存和指令缓存。内置的 L1 Cache 的容量和结构对 CPU 的性能影响较大，不过高速缓存均由静态 RAM 组成，结构较复杂，在 CPU 管芯面积不能太大的情况下，L1 Cache 的容量不可能太大。一般服务器 CPU 的 L1 Cache 的容量通常为 32~256 KB。

L2 Cache（二级缓存）是 CPU 的第二层高速缓存，分内部和外部两种芯片。内部的二级缓存运行速度与主频相同，而外部的二级缓存运行速度只有主频的一半。L2 Cache 容量也会影响 CPU 的性能，理论上越大越好。

L3 Cache（三级缓存），分为内置和外置两种，早期的三级缓存基本上都是外置，目前的三级缓存几乎都是内置。三级缓存的运作原理在于使用较快速的储存装置保留一份从慢速储存装置中所读取的数据且进行复制，当需要再从较慢的储存体中读写数据时，缓存能够使得读写的动作先在快速的装置上完成，如此会使系统的响应较为快速。

2）CPU 的选购技巧。

（1）根据预算确定选购的 CPU 品牌、价格、型号和参数。

（2）选购 CPU 时，一定要与主板、内存等配件相互兼容，这点尤为重要。

（3）根据实际需求，选择性价比高的 CPU。

（4）根据适用、够用的原则进行选购，不是最贵的 CPU 就是最合适的。比如普通办公用计算机，选择高频率多核心的高端 CPU 是一种浪费。

（5）一般来说，CPU 主频越高，性能就越好，但不能将主频与 CPU 的性能直接挂钩，还需要考虑制程、核心等其他参数。

（6）需要根据 CPU 设计的热设计功耗（Thermal Desigh Power，TDP）选配相应散热能力的散热器。

（7）高速缓存的运行速度比内存快得多，一般来说，选购的 CPU 缓存越大，CPU 性能会越好。

（8）选购时要注意 CPU 集成的核心显卡的性能，如果要运行大型软件或 3D 游戏等，需要选购独立显卡才行。

3. 认识和选购内存条

内存条是计算机中重要的部件之一。计算机中所有程序的运行都是在内存中进行的，因此内存条的性能对计算机的影响非常大。

内存也称为内存储器，其作用是暂时存放 CPU 的运算数据，以及与硬盘等外部存储器交换的数据。只要计算机处于运行状态，CPU 就会把需要运算的数据调到内存中，由 CPU 进行运算，运算完成后再将结果传送出来。内存的稳定运行也决定了计算机的稳定运行。内存条由内存芯片、电路板、"金手指"等部分组成。

1）内存条的类型。

（1）DDR。

DDR 是双倍数据速率（Double Data Rate）的缩写。DDR 内存是在同步动态随机存储器（Synchronous Dynamic Random Access Memory，SDRAM）基础上发展而来的，仍然沿用 SDRAM 生产体系。因此对于内存生产厂商而言，只需对制造普通 SDRAM 的设备稍加改进，即可实现 DDR 内存的生产，从而有效地降低成本。

图 2-18　DDR 内存条

有时候人们将旧的存储技术 DDR 称为 DDR1，与 DDR2 加以区分。DDR 内存条实物图如图 2-18 所示。

（2）DDR2。

DDR2 内存技术标准是由电子设备工程联合委员会（JEDEC）进行开发的第二代内存技术标准。它与上一代 DDR 内存技术标准最大的不同就是，虽然同样采用了在时钟的上升/下降的同时进行数据传输的基本方式，但 DDR2 内存预读取能力（即 4 bit 数据预读取）是 DDR 内存的两倍。换句话说，DDR2 内存每个时钟能够以外部总线 4 倍的速度读/写数据，并且能够以内部控制总线4倍的速度运行。

此外，不同于目前广泛应用的薄型小尺寸封装（Thin Small Outline Package，TSOP 或 TSOP-Ⅱ）封装形式，DDR2 标准规定所有 DDR2 内存均采用细间距球栅阵列（Fine-Pitch Ball Grid Array，FBGA）形式封装，因此 DDR2 内存可以提供更好的电气性能与散热性，为其稳定工作与未来频率的发展奠定了坚实的基础。DDR2 内存条如图2-19所示。

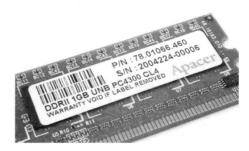

图 2-19　DDR2 内存条

（3）DDR3。

DDR3 是第三代内存技术。图2-20所示为金士顿 4 GB DDR3 内存条。DDR3 内存频率在 800 MHz 以上，和 DDR2 内存相比优势如下。

①功耗和发热量较小。吸取了 DDR2 内存的教训，在控制成本的基础上减小了能耗和发热量，使得 DDR3 内存更易于被用户和厂家接受。

②工作频率更高。由于能耗降低，DDR3 内存可实现更高的工作频率，在一定程度弥补了延迟时间较长的缺点。

③生产显卡的成本降低。DDR2 显存颗粒规格多为 16 MB×32 bit，搭配中高端显卡常用的 128 MB 显存需8颗，而 DDR3 显存颗粒规格多为 32 MB×32 bit，单颗颗粒容量较大，4颗即可构成 128MB 显存。如此一来，显卡 PCB 面积可减小，成本得以有效控制。此外，颗粒数减少后，显存能耗也进一步降低。

④通用性好。DDR3 对 DDR2 的兼容性较好。由于针脚、封装等关键特性不变，搭配 DDR2 的显示核心和公版设计的显卡稍加修改便能采用 DDR3 显存，体现了良好的通用性。

（4）DDR4。

DDR4 是第四代内存技术。DDR4 内存与 DDR3 内存相比最大的区别有3点：一是具有 16 bit 的预取机制（DDR3 内存为 8 bit），同样内核频率下理论速度是 DDR3 内存的两倍；二是具有可靠的传输规范，数据可靠性进一步提升；三是其工作电压降为 1.2 V，更节能。值得一提的是，2020 年首款纯国产的"光威弈 Pro"系列 DDR4 内存条已经在深圳实现量产，如图2-21所示。

图 2-20　金士顿 4 GB DDR3 内存条

图 2-21　光威弈 8 GB DDR4 内存条

（5）DDR5。

DDR5 是第五代的内存技术。2020 年 7 月，JEDEC 正式公布了 DDR5 内存技术标准。DDR5 内存频率至少为 4 800 MHz，内存自身集成了电源管理芯片，工作电压降至 1.1 V。与

DDR4 内存相比，DDR5 内存性能更强，功耗更低，而且实际数据带宽比 DDR4 提高了 36%。

各种内存条的规格和参数如表 2-2 所示。

表 2-2 各种内存条的规格和参数

类型	针脚数	卡口两侧针脚数	颗粒形状	常见工作电压	备注
DDR	单面 92 针，双面 184 针（笔记本：双面 200 针）	左 52 右 40	正方形	2.5 V	已淘汰
DDR2	单面 120 针，双面 240 针（笔记本：双面 200 针）	左 64 右 56	正方形	1.8 V	很少使用
DDR3	单面 120 针，双面 240 针（笔记本：双面 204 针）	左 72 右 48	正方形	1.5 V	老旧计算机在用
DDR4	单面 144 针，双面 288 针（笔记本：双面 260 针）	左 77 右 67	长方形/正方形	1.2 V	主流产品
DDR5	单面 144 针，双面 288 针（笔记本：双面 260 针）	左 75 右 69	长方形/正方形	1.1V	新品

2）内存条的性能指标。

（1）存储容量。

存储容量指一根内存条可以容纳的二进制信息量。目前常用内存条的存储容量大多为 4 GB、8 GB、16 GB、32 GB 等。

$1 \text{ TB} = 1024 \text{ GB} = 1\,024^2 \text{ MB} = 1\,024^3 \text{ KB} = 1\,024^4 \text{ B}$。

（2）内存主频。

它是以 MHz（兆赫兹）为单位来计量的，内存主频越高，在一定程度上代表着内存所能达到的速度越快。内存主频决定着该内存最高能在什么样的频率正常工作。目前较为主流的 DDR4 内存主频包括 2 400 MHz、2 600 MHz、3 000 MHz 等，有部分 DDR4 内存条的主频甚至更高。

（3）内存的数据带宽。

数据带宽指内存同时传输数据的位数，以 bit 为单位。从功能上理解，我们可以将内存看作是控制器（一般位于北桥芯片中）与 CPU 之间的"桥梁"或"仓库"。显然，内存的存储容量决定"仓库"的大小，而内存的带宽决定"桥梁"的宽窄，两者缺一不可。我们常常说的"内存速度"主要由数据带宽决定。

（4）存取周期（存储周期）。

存取周期是两次独立的存取操作之间所需的最短时间，又称为存储周期。半导体存储器的存取周期一般为 60~100 ns。

（5）存储器的可靠性。

存储器的可靠性用平均故障间隔时间来衡量，可以理解为两次故障之间的平均时间间隔。

3）内存条的选购。

选购内存条时除了要考虑前面介绍的存储容量、内存主频、内存的数据带宽以及存取周期之外，还要考虑以下几个因素。

（1）做工要精良。

就选择内存来说，需要考虑的重要因素是内存稳定性和性能，而内存的做工水平会直接影响到稳定性和性能。

内存颗粒的好坏直接影响到内存性能的好坏，可以说是内存最重要的核心元件。所以在购买时，尽量选择大厂商生产的内存颗粒，常见的内存颗粒厂商有三星、现代、镁光、南亚、茂矽等，它们都有完整的生产工序，因此生产出来的内存颗粒在品质上会更有保障。

内存PCB的作用是连接内存芯片引脚与主板信号线，因此其做工好坏直接关系着系统稳定性。目前主流内存PCB层数一般是6层，这类PCB具有良好的电气性能，可以有效屏蔽干扰信号。而更优秀的高规格内存往往配备了8层PCB，以提供更好的效能。

（2）SPD隐藏信息。

SPD（Serial Presence Detect，串行存在检测）位于PCB的一个4 mm左右的小芯片上，是一个256 B的电擦除可编程只读存储器（Electrically Erasable Programmable Read-Only Memory，EEPROM），保存内存条里一些设置、模块周期信息等数据，同时负责自动调整主板上内存条的速度。

SPD信息可以说非常重要，它能够直观反映出内存的性能及规格。SPD信息包括内存可以稳定工作的指标信息以及产品的生产厂家等信息。由于SPD信息存储在EEPROM芯片上，具有可擦写的特点，因此在购买内存条以后，建议采用EVEREST、CPU-Z等软件进行查看，以防买到假冒伪劣产品。

4. 认识和选购机箱、电源

1）机箱。

机箱（见图2-22）作为计算机配件的一部分，主要用来将主板、硬盘、显卡等配件安装到其中，并对配件起到承载和保护作用。同时，机箱还具有屏蔽电磁辐射的重要功能。

机箱一般包括外壳、支架、面板上的各种开关、指示灯等。外壳用钢板和塑料结合制成，硬度高，主要起保护机箱内部元件的作用。支架主要用于固定主板、电源和各种驱动器。

图2-22　机箱

当前主流的机箱主要是半高机箱。半高机箱主要包括 Micro ATX 和 Micro BTX 机箱，它们有 2~3 个 5.25 英寸（1 英寸 ≈ 25.4 mm）驱动器槽。在选择时最好以标准立式 ATX 和 BTX（Intel 公司制定的主板标准）机箱为准，因为它们空间大，安装槽多，扩展性好，通风条件也不错，完全能适应大多数用户的需求。

机箱的选购主要考虑以下因素。

- 外观：美观、大方。
- 工艺：质量较好的机箱前置面板一般采用丙烯腈–丁二烯–苯乙炔烯（ABS）工程塑料制作；所用钢板厚度在 0.8 mm 以上，烤漆均匀；五金配合间隙小于 0.6 mm，边沿光滑；板卡定位孔准确。
- 散热：机箱上要预留有安装风扇的位置。
- 扩展：5.25 英寸驱动器槽最好在 3 个以上。

除上述因素外，还应该注意以下的"四看"原则。

- 一看钢板框架是否有毛刺、锐口。
- 二看机箱框架是否坚固、稳定。
- 三看内部制作是否专业，比如安装主板时机箱上的打孔位置、大小是否匹配，驱动器槽和插卡位定位是否准确等。机箱内部如图 2-23 所示。
- 四看是否有电磁干扰（Electromagnetic Interference，EMI）触点。EMI 触点就是机箱侧板周边凸起的小圆点，主要用于减少电磁波，有利于人体健康。

图 2-23　机箱内部

总之，在选择机箱的时候，除了考虑其外观因素外，最重要的是一定要注意材料、做工水平和实用性等。

2）电源。

计算机电源也称为电源盒或电源供应器，是计算机系统中非常重要的辅助设备。其主要功能是将 220 V 交流电（AC）转换成 ±5 V、±12 V 和 +3.3 V 的直流电（DC），专门为计算机配件，如主板、驱动器、显卡等设备供电，是计算机各部件供电的枢纽，除此之外，还具有一定的稳压作用，如图 2-24 所示。

图 2-24　主机的电源

（1）电源的技术指标。

①输出电压的稳定性。

电压太低计算机无法工作，电压太高会烧坏主板及附属设备。

②输出电压的纹波。

计算机运行需要纯净的直流电，交流成分（纹波电压）越小越好。纹波电压高会干扰数字电路的逻辑关系，影响其正常工作。

③Power Good 信号和 Power Fail 信号。

Power Fail（电源故障）信号简称 P.F. 信号。当电源的交流输入电压降至安全工作范围以下或正 5 V 电压低于 4.75 V 时，电源送出 P.F. 信号。P.F. 信号从 5 V 降至 4.75 V 之前，至少在 1 ms 内降低 0.3 V 的低电平，且下降的波形应陡峭，无自激振荡现象发生。

Power Good（电源正常）信号简称 P.G. 信号。P.G. 信号非常重要，即使电源的各路直流输出都正常，如果没有 P.G. 信号，主板还是无法工作。如果 P.G. 信号的时序不对，可能会造成无法开机。

④电源的功率。

电源的功率需要根据计算机系统设备的情况进行确定，当前 CPU、内存、显卡、网卡、硬盘等设备均为大功耗设备，必须根据这些设备配置合理选择电源的功率。

（2）电源选购方法。

在选购电源的时候，应注意以下事项。

①外观检查。

a. 电源重量。质量较好的电源，因为原材料用料好、内部元器件数量和种类丰富等原因，重量较重。

b. 电源输出线。电源输出线要注意其粗细和材质。其粗细可以根据输出线上的字母"AVG"后面的数字（线号）来进行判别，数字越小表示线芯越大。

②散热片的材质。从外壳的散热窗口往里看，质量好的电源采用铝或铜散热片，而且较大、较厚。

③可以做试验测量一下负载压降，选压降小的电源。如果是 ATX 电源，可以让所有的输出端悬空，先测一下空载输出电压，方法是让 PS-ON（绿色线）与 GND（黑色线）短接启动电源，再测一下输出电流约为 10 A 时的电压，压降小者优。上述试验千万不能在±12 V 电压下做，以免烧坏电源。

④电源地线的接触。如电源地线未接，质量好的电源通电启动后手接触外壳略有麻感。如果测不出电压则说明内部未安装滤波网。

⑤输出功率适当。购买电源前，要先计算好各配件的耗电功率，并预留 20%～30% 的空间，避免电源输出功率不足导致系统工作不稳定，或功率过大导致资源浪费。

任务二 认识和选购存储设备

【任务描述】

计算机需要配备存储设备来存储信息，存储设备包括内存储器和外存储器，在选购过程中，应该根据需求分析和性价比高原则进行选购。

【任务实施】

存储设备是用于储存信息的设备，它通常是将信息数字化后通过电、磁或光学等媒介加以存储。

存储器分为两种，一种是内存储器，一种是外存储器。

1. 认识和选购内存储器

内存储器分为随机存储器和只读存储器。

随机存储器，也叫主存，是与 CPU 直接交换数据的内部存储器。它的数据读写速度很快，通常作为操作系统或其他正在运行中的程序的临时数据存储介质，一旦断电，所存储的数据将随之丢失。

只读存储器（Read-Only Memory，ROM）只能进行数据读取，无法写入。数据一旦写入后，即使切断电源也不会丢失，所以又称为固定存储器。为便于用户使用和大批量生产，只读存储器进一步发展出可编程只读存储器（Programmable Read-Only Memory，PROM）、可擦可编程只读存储器（Erasable Programmable Read-Only Memory，EPROM）和电擦除可编程只读存储器等不同种类的存储器。

我们常说的内存条就属于随机存储器，其选购知识和技巧详见任务一。

2. 认识和选购外存储器

计算机的外存储设备主要包括机械硬盘、固态硬盘、光盘和闪存等，其作用是长时间保存或永久保存数据。硬盘具有容量大、数据存取速度快等特点，是各类计算机保存程序和数据必不可少的存储设备。光盘必须配置光驱才能对其读取数据，但因存储容量有限、携带不方便等诸多因素，目前已经较少使用。闪存包括闪存卡、U 盘等，因具有携带方便、即插即用等优势，目前已被广泛使用。

1）机械硬盘。

机械硬盘简称硬盘（Hard Disk，HD）（见图2-25），是一种重要的计算机存储设备，由一个或者多个铝制或者玻璃制的碟片组成。这些碟片外覆盖有铁磁性材料。绝大多数硬盘都是固定硬盘，被永久性地密封、固定在硬盘驱动器中。计算机的操作系统、应用软件和重要数据资料都存储在硬盘之中，因此要求硬盘的容量尽可能大，数据传输速率尽可能快，并且对硬盘安全性也有很高的要求。硬盘技术的发展方向也正向着高容量、高速度和高可靠性的方向发展。机械硬盘的内部结构如图2-26所示。

图 2-25　机械硬盘

图 2-26　机械硬盘的内部结构

相比固态硬盘来说，机械硬盘具有价格相对便宜、容量大、数据易于恢复等优势，当前主流硬盘的容量几乎都在1 TB或2 TB以上。机械硬盘大多由多个盘片组成，每个盘片要分为若干个磁道和扇区，多个盘片表面的相应磁道将在空间上形成多个同心圆柱面。

机械硬盘的基本参数如下。

（1）容量。

作为计算机系统的数据存储器，硬盘最主要的参数是容量。

机械硬盘的容量指标还包括硬盘的单碟容量。单碟容量是指硬盘单个盘片的容量，单碟容量越大，单位成本越低，平均访问时间也越短。

（2）转速。

转速是硬盘内电机主轴的旋转速度，也就是硬盘盘片在一分钟内所能完成的最大转数。转速的快慢是标识硬盘档次的重要参数之一，它是决定硬盘内部数据传输速率的关键因素之一，在很大程度上直接影响硬盘的数据传输速率。硬盘的转速越快，硬盘寻找文件的速度也就越快，相对地硬盘的传输速度也就得到了提高。硬盘转速以每分钟多少转来表示，即r/min。

硬盘的电动机主轴带动盘片高速旋转，产生浮力使磁头飘浮在盘片上方。由于要将所要存取文件的扇区带到磁头下方，转速越快，磁头等待时间也就越短。因此转速在很大程度上决定了硬盘的数据传输速率。

较高的转速可缩短硬盘的平均寻道时间和实际读写时间，但随着硬盘转速的不断提高也带来了温度升高、电动机主轴磨损加大、工作噪声增大等负面影响。

（3）访问时间。

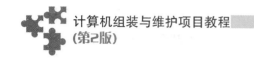

访问时间是指磁头从起始位置到达目标磁道位置，并且从目标磁道上找到要读写的数据扇区所需的时间。

访问时间体现了硬盘的读写速度，它包括硬盘的寻道时间和等待时间，即：

$$访问时间 = 寻道时间 + 等待时间$$

硬盘的寻道时间是指硬盘的磁头移动到盘面指定磁道所需的时间。这个时间当然越小越好，硬盘的平均寻道时间通常为 8～12 ms，而小型计算机系统接口（Small Computer System Interface，SCSI）硬盘则应小于或等于 8 ms。

硬盘的等待时间，是指磁头已处于要访问的磁道，等待所要访问的扇区旋转至磁头下方的时间。平均等待时间为盘片旋转一周所需的时间的一半，一般应在 4 ms 以下。

（4）数据传输速率。

硬盘的数据传输速率是指硬盘读写数据的速度，单位为兆字节每秒（MB/s）。硬盘数据传输速率又包括了内部数据传输速率和外部数据传输速率。

内部数据传输速率也称为持续数据传输速率，它反映了硬盘缓冲区未使用时的性能。内部传输速率主要依赖于硬盘的旋转速度。

外部数据传输速率也称为突发数据传输速率或接口传输速率，它是系统总线与硬盘缓冲区之间的数据传输速率，外部数据传输速率与硬盘接口类型和硬盘缓存的大小有关。

（5）缓存。

缓存是硬盘控制器上的一块内存芯片，具有极快的存取速度，它是硬盘内部存储和外界接口之间的缓冲器。由于硬盘的内部数据传输速率和接口传输速率不同，缓存在其中起到一个缓冲的作用。缓存的大小与存储速度直接关系到硬盘的数据传输速率。较大的缓存能够大幅度地提高硬盘整体性能。

2）固态硬盘。

随着人们对硬盘读写速度的需求不断提高，传统的机械硬盘已经不能满足人们日益增长的需求，于是就诞生了固态硬盘。

固态硬盘（Solid State Disk，SSD），是用固态电子存储芯片阵列制成的硬盘，被广泛应用于台式计算机、笔记本电脑、车载设备、工控设备、监控设备、网络终端设备、导航设备等诸多设备与军事、电力、医疗、航空等诸多领域。

固态硬盘具有机械硬盘不具备的快速读写、质量轻、能耗低及体积小等优点，但也存在着价格相对昂贵、存储容量较低和损坏后数据恢复困难等缺点。因此，在日常生活中，人们常用固态硬盘安装操作系统，用机械硬盘存储重要数据。

目前，市场上的固态硬盘主要提供了 SATA、mSATA、M.2 以及 PCI-Express 等接口，当然最常见的还是 SATA 接口和 M.2 接口（见图 2-27）。其中 M.2 接口的固态硬盘具有体积小、速度快的优势，目前广泛应用在台式计算机和笔记本电脑中。

（a）SATA接口固态硬盘　　　　　　　（b）M.2接口固态硬盘

图2-27　国产光威品牌固态硬盘

3）光盘。

光盘是用光信息作为存储载体，并采用激光原理进行读、写的存储设备，它分为不可擦写光盘（如 CD-ROM、DVD-ROM 等）和可擦写光盘（如 CD-RW、DVD-RAM 等），可以存放各种文字、声音、图形、图像和动画等多媒体数字信息。

光盘驱动器简称光驱，是一种用来读取或写入光盘信息的设备。光驱可分为 CD-ROM（小型只读光盘）驱动器、DVD-ROM（只读型数字通用光盘）驱动器、BD-ROM（只读型蓝光光盘）驱动器、刻录机和康宝光驱（具备刻录功能的光功）等。由于移动存储技术的不断进步，光盘的使用场景已经越来越少，目前市面上销售的计算机，很多已经不带光驱了，有光驱的一般都具备刻录功能。

（1）光驱的外部结构。

光驱的外观如图2-28所示，其正面一般包含下列部件。

- 防尘门和托盘。
- 光盘弹出和光驱关闭按钮。
- 工作指示灯。
- 手动退盘孔。当光盘由于某种原因不能退出时，我们可以用小硬棒插入该孔退出光盘。注意，部分光驱无此功能。

图2-28　光驱的外观图

光驱的背面由以下几部分组成。

- 电源线插座。
- 主从跳线。可根据需要通过此跳线开关设置。现在大部分光驱采用的是 SATA 接口，在主板上的 BIOS 中加入了设置光驱、硬盘的主从关系，在物理设计上已经去掉了主从跳线。
- 数据线插座。早期绝大部分的光驱跟硬盘一样使用 IDE 数据线，而现在大部分光驱采用了数据传输速率较高且价格便宜的 SATA 数据线。

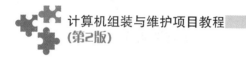

（2）光驱的技术指标。

光驱的主要技术指标如下。

①数据传输速率，也被称为倍速。它是衡量光驱性能的基本指标。最早的单倍速光驱传输速率为150KB/s，之后光驱的数据传输速率越来越快，单倍速逐步发展为四倍速，直至现在的32倍速、40倍速或者更高。如40倍速的CD-ROM驱动器理论上的数据传输速率应为150KB/s×40＝6 000 KB/s。

②平均寻道时间。它是指激光头（光驱中用于读取数据的一个装置）从原来位置移动到新位置并开始读取数据所花费的平均时间。显然，平均寻道时间越短，光驱的性能就越好。

③CPU占用时间。它是指光驱在维持一定的转速和数据传输速率时所占用CPU的时间。它也是衡量光驱性能好坏的一个重要指标。CPU占用时间越少，其整体性能就越好。

④数据缓冲区大小。数据缓冲区是光驱内部的存储区。它能减少读盘次数，提高数据传输速率。大多数光驱的数据缓冲区为128 KB或256 KB。数据缓冲区的大小是购买光驱时需要重点考虑的因素。

4）闪存

闪存（Flash Memory），是一种闪存（Flash Memory）是一种EPROM（Electronic Programmable Read Only Memory，电子程序控制只读存储器）的形式，允许在操作中被多次擦或写的存储器。闪存主要用于一般性数据存储，以及在计算机与其他数字产品间交换传输数据，如储存卡与U盘。

闪存的分类如下。

按种类分：U盘（见图2-29）、CF卡（Compact Flash，紧凑式闪存卡）（见图2-30）、SM卡（SmartMedia，智能媒体卡）、SD卡（Secure Digital Card，安全数码卡）、Micro SD［微型SD卡，原名TF卡（Trans-flash Card）］、MS卡（Memory Stick，记忆棒）、XD卡（Extreme Digital-Picture Card，极限数码照片存储卡）等。这些闪存卡虽然外观、规格不同，但是技术原理都是相同的。

图2-29　U盘　　　　　　　　　　　图2-30　CF卡

按品牌分：金士顿、索尼、闪迪、鹰泰、创见、爱国者、纽曼、威刚、联想、台电、微星等。

任务三 ▶ 认识和选购基本输入/输出设备

【任务描述】

计算机工作时，需要通过输入设备输入信息，信息经过计算机处理后，再由输出设备输出。常见的输入/输出设备有键盘、鼠标、显示器和音箱等。

【任务实施】

1. 认识和选购键盘

键盘是比较常用也十分重要的输入设备，通过键盘可以将英文字母、汉字、数字、标点符号等输入计算机中，从而向计算机发出命令、输入数据等。标准的 104 键盘如图 2-31 所示。

图 2-31 标准的 104 键盘

随着视窗系统的发展，20 世纪 80 年代出现的 83 键键盘已经淘汰，取而代之并占据市场主流地位的是 101 键和 104 键键盘。

紧接着出现的是新兴多媒体键盘，它在传统的键盘基础上又增加了不少常用快捷键或音量调节装置，使 PC 操作进一步简化，如收发电子邮件、打开浏览器和启动多媒体播放器等都只需要按一个键即可，同时在外形上也做了改进，着重体现了键盘的个性化。图 2-32 所示为人体工学键盘。

图 2-32 人体工学键盘

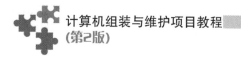

1）键盘接口。

键盘的接口有 AT（Advanced Technology，先进技术）接口、PS/2 接口和 USB 接口等，目前台式计算机键盘多采用 USB 接口。

2）清洁键盘。

（1）拍打键盘。关掉计算机，将键盘从主机上取下，在桌上放一张报纸，把键盘翻转朝下，距离桌面 10 cm 左右，拍打并摇晃。

（2）吹掉杂物。使用吹风机对准键盘按键上的缝隙吹，以吹掉夹在其中的杂物，然后再次将键盘翻转朝下并摇晃拍打。

（3）擦洗表面。用一块软布蘸上稀释的洗涤剂（注意不要太湿），擦洗按键表面，然后用吹风机将键盘再吹一遍。

（4）消毒。键盘擦洗干净后，可以再蘸上酒精、消毒液或药用双氧水等进行消毒处理，最后用干布将键盘表面擦干即可。

（5）彻底清洗。如果彻底清洗键盘，就必须将每个按键的键帽拆下来。普通键盘的按键是可以拆卸的，通常情况下使用小螺丝刀撬动按键即可拆卸。

3）选购键盘。

（1）键盘的触感。

作为日常接触最多的输入设备，手感毫无疑问是最重要的。判断一款键盘的手感如何，需从按键弹力是否适中，按键受力是否均匀，键帽是否松动或摇晃，以及键程是否适中这几方面来测试。

（2）键盘的外观。

外观包括键盘的颜色和形状，需要用户根据自身喜好选购。

（3）键盘的做工。

做工较好的键盘表面及棱角处理精致、细腻，键帽上的字母和符号通常采用激光刻入，手摸上去有凹凸的感觉。

2. 认识和选购鼠标

鼠标也是计算机常用的一种输入设备，也是计算机显示系统纵、横坐标定位的指示器，因形似老鼠而得名"鼠标"，如图 2-33 所示。

1）鼠标的分类。

常用的鼠标有机械鼠标、光电鼠标和无线鼠标。

机械鼠标：当鼠标在桌面上移动时，金属球与桌面摩擦，发生转动。金属球与 4 个方向的电位器接触，可测量出上、下、左、右 4 个方向的位移量，用以控制屏幕上鼠标指针的移动。鼠标指针和鼠标的移动方向是一致的，而

图 2-33　鼠标

且鼠标指针移动的距离与鼠标移动的距离成比例。目前，机械鼠标已经被淘汰。

光电鼠标：其主要是通过发光二极管和光电二极管，检测鼠标对于一个表面的相对运动，并将运动的位移信号转换为电脉冲信号，通过程序的处理和转换来控制屏幕上的鼠标指针的移动的一种硬件设备。

无线鼠标：利用 DRF（Digital Radio Frequency，数字无线电频率）技术把鼠标在 x 或 y 轴上的移动，按键按下或抬起的信息转换成无线信号并发送给主机。

2）使用注意事项。

使用鼠标进行操作时应小心谨慎，不正确的使用方法会损坏鼠标。使用鼠标时应注意以下几点。

（1）避免在衣物、报纸、地毯、木头等光洁度不高的表面使用鼠标。

（2）禁止磕碰鼠标。

（3）鼠标不宜在盒中移动。

（4）禁止在高温、强光下使用鼠标。

（5）禁止将鼠标放入液体。

3）选购鼠标。

在挑选鼠标时，可以考虑以下几个方面。

（1）质量。

选择鼠标时，尽量选择知名品牌、质量过硬的鼠标，不能因为便宜就选择假冒伪劣产品。

（2）用户需求。

一般情况下，台式计算机用户多用有线鼠标，笔记本电脑用户多用无线鼠标。

（3）接口。

有线鼠标常见的接口有两种，分别是 PS/2 接口和 USB 接口，目前使用非常普遍的是 USB 接口。无线鼠标的接口主要为红外线、蓝牙（Bluetooth）等。

（4）手感。

选购鼠标时，手感至关重要。除此之外，鼠标的大小和手型等因素也要考虑在内。

3. 认识和选购显示器、显卡

1）显示器。

显示器通常也被称为监视器，是计算机系统中不可缺少的输出设备。显示器主要用来将电信号转换成可视信息。通过显示器的屏幕，可以看到计算机内部存储的各种文字、图形、图像等信息，它是人机对话的窗口。显示器主要包括阴极射线管（Cathode Ray Tube，CRT）显示器、液晶显示器。阴极射线管显示器由于占用面积大、比较笨重的原因，目前已经淘汰。随着液晶显示器技术的逐步成熟，它取代了阴极射线管显示器的主导地位。

（1）显示器的分类。

①阴极射线管显示器。

阴极射线管显示器是一种使用阴极射线管的显示器。阴极射线管主要由5部分组成：电子枪、偏转线圈、荫罩、荧光粉层及玻璃外壳。目前，阴极射线管显示器已被淘汰。

②液晶显示器。

液晶显示器外观如图2-34所示。它的优点是机身薄、占地小、辐射小，对眼睛的伤害较小，但液晶显示器不一定可以保护视力，这取决于各人使用计算机的习惯。

液晶显示器的工作原理：在显示器内部有很多液晶粒子，它们有规律地排列成一定的形状，通过红、绿、蓝三原色组合成其他颜色，当显示器收到计算机的显示数据时，显示器会控制每个

图2-34　液晶显示器外观

液晶粒子转动到不同颜色的面，来组合成不同的颜色和图像。也因为这样，传统液晶显示器有色彩不够艳丽、可视角度不大等缺点。

随着显示器技术的不断发展，目前市场上的液晶显示器几乎都采用了面内转换显示模式（In-Plane Switching，IPS）硬屏技术。相对于传统的液晶显示器，IPS硬屏拥有稳固的液晶分子排列结构，响应速度更快，因而在动态清晰度上具有超强的表现力。硬屏也完全消除了传统液晶显示器在受到外界压力和摇晃时出现的模糊及水纹扩散现象，更杜绝了播放极速画面时出现残影和拖尾。因此，其有着响应速度快、可视角度大、色彩真实、触摸无水纹、环保等优点。

> **小提示**：LED（Light Emitting Diode，发光二极管）显示屏是一种通过控制半导体发光二极管的显示方式来显示文字、图形、图像、动画、视频等信息的显示屏幕。LED显示屏具有可视角度大（可以达到160°）、使用寿命长（可达10万小时左右）、功耗低（约为LCD的10%）等优点。

（2）显示器的性能指标。

①尺寸。

与CRT显示器不同，LCD面板尺寸计算的是可视尺寸。目前市场上主流的显示器尺寸范围在19英寸至32英寸，用户可根据实际情况选择。

②亮度。

亮度越高，画面显示的层次也就越丰富，从而提高画面的显示质量。理论上，显示器的亮度是越高越好，不过太高的亮度对眼睛的刺激也比较强，因此没有特殊需求的用户不需要过于追求高亮度。

③对比度。

黑色越深，显示色彩的层次就越丰富，所以显示器的对比度非常重要。人眼可以接受的对比度一般在250∶1左右。对比度越高，图像的锐利程度就越高，图像也就越清晰；反之，图像也就显得越模糊。

④响应时间。

响应时间决定了显示器每秒所能显示的画面帧数，通常当画面显示速度超过每秒 25 帧时，人眼会将快速变换的画面视为连续画面，不会有停顿的感觉，所以响应时间会直接影响人的视觉感受。

⑤分辨率。

同一尺寸下，分辨率越大，画面越清晰精细；分辨率越小，画面越粗糙，颗粒感越重。所以一般 24 英寸以下显示器建议选购 1 920×1 080 像素分辨率的，而超过 27 寸的显示器就要选用 2 560×1 440 像素、3 840×2 160 像素分辨率的屏幕了，屏幕过大而分辨率过低，容易产生颗粒感。

⑥刷新率。

由于受到响应时间的影响，显示器的刷新率并不是越高越好，一般设为 60 Hz 最好，也就是每秒换 60 次画面，过高反而会影响画面的质量，所以选择时不必过分追求高的刷新率。

⑦可视角度。

LCD 的显示是光通过液晶和偏振玻璃射出，原理很像百叶窗帘，其中绝大多数的光是垂直射出的，当我们从非垂直的方向观看液晶显示器的时候，就会出现亮度降低、颜色失真、甚至黑屏等现象，这就是液晶显示器的可视角度影响的。日常使用中可能会几个人同时观看屏幕，所以可视角度应该是越大越好。

（3）液晶显示器的保养。

①正确地清洁显示器表面。如果发现显示器表面有污迹，可用沾有少许水的软布轻轻地将其擦去，千万不要将水直接洒到显示器表面，否则可能会导致液体进入显示器引发屏幕短路。

②避免冲击。LCD 屏幕十分脆弱，所以要避免强烈的冲击和振动，LCD 中含有很多玻璃的和灵敏的电气元件，掉落到地板上或遭受强烈打击会导致 LCD 屏幕以及其他元件的损坏。还要注意不要对 LCD 屏幕施加压力。

③不私自拆卸液晶显示器。一是防止背景照明组件中紧凑型荧光灯（Compact Fluorescent Lamps，CFL）镇流器携带的高压导致事故，二是防止不规范的拆卸操作导致液晶显示器永久损坏。

（4）显示器的选购。

在对显示器进行选购的时候，除了上述技术参数外，还要注意以下几个方面。

①接口。

显示器上的接口是与显卡的信号输出接口匹配的，常见的有视频图形阵列（Video Graphic Array，VGA）、数字视频接口（Digital Visual Interface，DVI）、高清多媒体接口（High Definition Multimedia Interface，HDMI）和 DisplayPort（视频数标准协会发布的一种接口标准，简称 DP）接口等。因此，在选购的时候一定要注意与显卡接口匹配。

②检查坏点。

检查坏点可以运行屏幕坏点检测程序，在运行程序以后，点击切换多种颜色，以此观察是否存在坏点。

③外观。

在选择显示器的时候，首先看显示器的外包装是否精致。一般正品显示器的外包装，很精致，上面有商标、生产厂家的地址、序列号、生产许可号和一些安全标志等。此外，还要注意与显示器配套的附件是否齐全，如合格证、保修单等。

2）显卡。

显示适配器简称显示卡或显卡，它是显示器与主机通信的控制电路和接口。显卡的主要作用是在程序运行时，根据 CPU 提供的指令和有关数据，将程序运行的过程和结果进行相应的处理，转换成显示器能够接收的文字和图形显示信号，并通过屏幕显示出来，也就是说显示器必须依靠显卡提供的信号才能显示出各种字符和图像。显卡主要分为集成显卡和独立显卡两类。

集成显卡是将显示芯片及其相关电路都集成在主板上，与主板融为一体，也有一些集成显卡会将显示芯片集成到 CPU 或北桥芯片中。集成显卡的显示效果与处理性能相对较弱，不能进行硬件升级，但其有着功耗低、发热量小、成本低的特点，部分产品的性能已经可以媲美入门级的独立显卡。因此，通常在对图像处理性能和显示性能要求不高的情况下，为节约购机成本，多数用户会采用集成显卡。DVI 接口的集成显卡如图 2-35 所示。

独立显卡是将显示芯片及其相关电路单独做在一块电路板上，自成一体，作为一块独立的板卡存在，它需要占用主板的扩展插槽。独立显卡有自己独立的显存，一般不占用系统内存，在技术上也比集成显卡先进得多，拥有较好的显示效果和性能，容易进行硬件升级。但是独立显卡需要花费额外的资金去购买，并且功耗和热量都比较大。PCI-Express 4.0 16X 接口的独立显卡如图 2-36 所示。

随着计算机技术日新月异的发展以及用户对计算机的速度和性能更高的要求，显卡的新技术层出不穷，每一款新发布的显卡，都会给用户带来不一样的感受和体验。

图 2-35　DVI 接口的集成显卡

图 2-36　PCI-Express 4.0 16X 接口的独立显卡

（1）显卡的结构。

常见的显卡由显卡的 BIOS、图形处理芯片、显存、数模转换随机存储器（Random Access

Memory Digital-to-Analog Converter，RAMDAC）芯片、接口等组成。有些显卡还有扩展功能，如常见的电视输出等。

①显示芯片。

显示芯片是显卡的"心脏"，决定显卡的档次和大部分性能，同时也是二维（2D）显卡和三维（3D）显卡区分的依据。2D显示芯片在处理3D图像和特效时主要依赖CPU的处理能力，称为"软加速"。如果将3D图像和特效处理功能集中在显示芯片内，即"硬件加速"，就构成了3D显示芯片。3D显卡具备透明色处理、景深效果、雾化、着色、抗失真、反锯齿、材质贴图等特殊效果。

②显示内存（Video RAM）。

显示内存又称为显存，显存与系统内存的功能是类似的，用来暂存显示芯片处理的数据。显存的大小与好坏直接关系到显卡的性能高低。我们在屏幕上看到的图像数据都是存放在显存里的，显卡的分辨率越高，在屏幕上显示的像素点就越多，要求显存的容量就越大。显存的类型有GDDR3（Graphics Double Data Rate，version 3，第3版图形用双倍数据传输率）、GDDR4、GDDR5、GDDR5X、GDDR6、GDDR6X等，目前主流的是GDDR5和GDDR6。

如果显存的电气性能不过关，在保存数据时就有可能丢失，在传输指令流时部分指令也有可能丢失，这种数据指令丢失的直接后果是屏幕显示时出现马赛克，显示不清晰。当前市场上的各类大型3D游戏对显卡的显存就有着较高的要求。

③VGA BIOS。

VGA BIOS里包含了显示芯片和驱动程序间的控制程序、产品标识等信息，这些信息一般由显卡厂商固化在ROM芯片里，这块芯片就被称为VGA BIOS芯片。

④I/O接口。

显卡常见的I/O接口有VGA、DVI、HDMI、Type-C、DisplayPort和Mini-DP等。图2-37所示的显卡I/O接口，其中图2-37（a）有HDMI和DisplayPort两种接口，图2-37（b）有HDMI、DVI和DisplayPort三种接口。

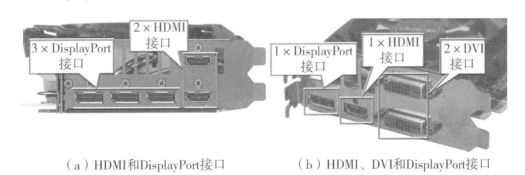

（a）HDMI和DisplayPort接口　　　（b）HDMI、DVI和DisplayPort接口

图2-37　显卡I/O接口

⑤电容和电阻。

电容和电阻是构成显卡不可或缺的部件。显卡采用的电容主要有电解电容、固态电容、

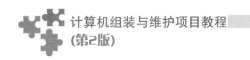

钽电容等几种类型。电解电容成本低，但不稳定，故许多品牌显卡已抛弃了电解电容，而采用固态电容或小巧的钽电容来保证品质。电阻也是如此，以前常见的金属膜电阻、碳膜电阻越来越多地让位于贴片电阻。

⑥PCB。

显卡的 PCB 是显卡的母体，用来装载显卡上的所有元器件。目前显卡一般采用4、6、8、10层的 PCB（层数越多质量越好），如果再薄，那么这款显卡的性能及稳定性将大打折扣。另外，在显卡下面有一组"金手指"，它用来将显卡插入到主板的显卡插槽内。另外，为了将显卡更好地固定在机箱上，显卡上还设计了一块用于固定的金属片。

（2）显卡的技术参数。

①刷新频率。

刷新频率是显示器每秒刷新屏幕的次数，单位为 Hz。刷新频率的范围为 56~120 Hz。过低的刷新频率会使用户感到屏幕闪烁，容易导致眼睛疲劳。刷新频率越高，屏幕的闪烁就越小，图像也就越稳定，即使长时间使用也不容易感觉眼睛疲劳。

②最大分辨率。

最大分辨率是显卡在显示器上所能描绘的像素点的数量，分为水平行像素点数和垂直列像素点数。比如，如果分辨率为 1 024×768，那就是说这幅图像由 1 024 个水平像素点和 768 个垂直像素点相乘组成。现在流行的显卡的最大分辨率都能达到 4 096×2 160。

③色深。

色深也叫颜色数，是指显卡在一定分辨率下可以显示的色彩数量。一般以多少色或多少 bit 来表示，比如标准 VGA 显卡在 640×480 分辨率下的颜色数为 16 色或 4 bit。色深的位数越高，所能显示的颜色数就越多，相应的屏幕上所显示的图像质量就越好。

④像素填充率和三角形生成速度。

屏幕上的三维物体是由计算机运算生成的。像素填充率就是显卡在一个时钟周期内所能渲染的图形像素的数量，它直接影响显卡的显示速度，是衡量 3D 显卡性能的主要指标之一。三角形（多边形）生成速度是指显卡在一秒钟内所生成的三角形（多边形）数量。计算机显示 3D 图形的过程，首先是用多边形（三角形是最简单的多边形）建立三维模型，然后再进行着色等其他处理，物体模型中三角形数量的多少将直接影响重现后物体外观的真实性。在保障图形显示速度的前提下，显卡在一秒钟内生成的三角形数量越多，物体建模就能使用更多的三角形，以提高 3D 模型的分辨率。

⑤流处理器单元。

流处理单元可以进行顶点运算，也可以进行像素运算，这样在不同的场景中，显卡就可以动态分配进行顶点运算和像素运算的流处理器数量，达到资源的充分利用。现在，流处理器数量的多少已经成为决定显卡性能高低的一个重要指标。

⑥3D API。

3D API 是指显卡与应用程序的直接接口。3D API 能让编程人员所设计的 3D 软件通过 API

自动和显卡的驱动程序进行沟通，启动显示芯片内强大的 3D 图形处理功能。PC 中主要的 3D API 有 Direct X 和 Open GL。

（3）显卡的选购。

①档次。

显卡按照性能由强到弱排序，依次是旗舰级（卡皇）、性能级（高端）、主流级（中端）、入门级（低端）、集成显卡。

②A 卡或 N 卡。

两大显卡厂商 AMD 和 NVIDIA 生产的显卡分别简称为 A 卡和 N 卡。除非用户有特殊喜好、偏爱、习惯，否则不需要特别在意这个问题，只需要关注性价比、能耗比、噪声等方面的问题即可。

③品牌。

常见的显卡品牌主要有七彩虹、影驰、华硕、微星、技嘉、蓝宝石和映众等。

④显卡类型。

原厂卡是指显卡芯片制造商 AMD 公司和 NVIDIA 公司设计并制造的"标准卡"。原厂卡的 PCB 电路是由有功底和经验的团队设计的，稳定性强且寿命长，但价格往往会比较昂贵。

公版卡是指 AMD 公司和 NVDIA 公司在新发布了一套包括供电、散热、结构、器件规格等标准的方案后，其他显卡生产商按照这套方案制造出来的显卡。一旦出现 PCB 设计改动，就不能称之为公版卡了，商品名也要更换。

非公版卡是指其他显卡生产商在官方公布了显卡生产方案后，对其相关配件进行升级或者减配以后生产出来的显卡。因此，非公版卡相比公版卡来说，升级后的性能相对更高，而减配后的性能有所降低。

⑤选购注意事项。

a. 购买之前，可以到相关硬件测评网站了解各类显卡的测评数据作为参考。

b. 看清显卡条码信息，杜绝混淆 TC（Turbo Cache，NVIDIA 公司采用的显存共享技术）和（Hyper Memory，ATI 公司采用的显存共享技术）显存共享信息。

c. 仔细检查显卡外观和型号。注意不要把外形相似的产品混淆，记住要买的显卡的全称，一个字母也不能差。

d. 注意防伪。正版显卡一般会有相应的防伪标识，可以在厂家的官方网站进行验证。

4. 认识和选购声卡、音箱

1）音箱。

音箱（见图 2-38）是整个音响系统的终端，其作用是把音频电能转换成相应的声能，并把它辐射到空间。它是音响系统极其重要的组成部分，因为它承担着把电信号转换成声信号供人耳直接聆听的关键任务。由于人耳对声音的主观感受是评价一个音响系统音质好坏的重要的标准，因此，音箱的性能高低对音响系统的放音质量起着关键作用。

（1）音箱的分类。

①按使用场合来分，有专业音箱与家用音箱之分。

家用音箱一般用于家庭放音，其特点是放音品质细腻
柔和，外形较为精致、美观，放音声压级不太高，承受的
功率相对较低。

专业音箱一般用于大型舞台、卡拉 OK 厅、影剧院、会
堂和体育场馆等专业文娱场所。一般专业音箱的灵敏度较
高，放音声压高，承受功率大，体积较大。但专业音箱中
的监听音箱，其性能与家用音箱较为接近，外形一般也比

图 2-38　音箱的外观

较精致、小巧，所以这类监听音箱也常被家用高保真（High-Fidelity，Hi-Fi）音响系统所
采用。

②按放音频率来分，有全频带音箱、低音音箱和超低音音箱。

所谓全频带音箱是指能覆盖低频、中频和高频各个范围放音的音箱。全频带音箱的下限
频率一般为 30~60 Hz，上限频率为 15~20 kHz。在一般中小型的音响系统中只用一对或两对
全频带音箱即可完全放音。低音音箱和超低音音箱一般是用来补充全频带音箱的低频和超低
频放音的专用音箱。这类音箱一般用在大、中型音响系统中，用以加强低频放音的力度和震
撼感。使用时，大多经过一个电子分频器（分音器）分频后，将低频信号送入一个专门的低
音功放，再推动低音或超低音音箱发音。

③按用途来分，一般可分为主放音音箱、监听音箱和返听音箱等。

主放音音箱一般用作音响系统的主力音箱，承担主要放音任务。主放音音箱的性能对整
个音响系统的放音质量影响很大，也可以选用全频带音箱加超低音音箱进行组合放音。

监听音箱用于控制室、录音室作节目监听使用，它具有失真小、频响宽而平直、对信号
很少修饰等特性，因此最能真实地重现声音的原来面貌。

返听音箱又称舞台监听音箱，一般用在舞台供演员或乐队成员监听自己演唱或演奏声音。
这些人员位于舞台上主放音音箱的后面，不能听清楚自己的声音或乐队的演奏声，所以不能
很好地配合或找不准感觉，严重影响演出效果。一般返听音箱做成斜面体，放在地上，这样
既可放在舞台上不致影响舞台的总体造型，又可在放音时让舞台上的人听清楚，还不致将声
音反馈到传声器而造成啸叫声。

④按箱体结构来分，可分为密封式音箱、倒相式音箱、迷宫式音箱、声波管式音箱和多
腔谐振式音箱等。

在专业音箱中用得较多的是倒相式音箱，其特点是频响宽、效率高、声压大，符合专业
音响系统音箱型式。密封式音箱具有调试简单、频响较宽、低频瞬态特性好等优点。在各种
音箱中，倒相式音箱和密封式音箱占较大比例，其他型式音箱的结构形式繁多，但所占比例
很小。

（2）音箱选购技巧。

对于音箱的选购，可用"观、掂、敲、认"的步骤来鉴别，即一观工艺、二掂重量、三

敲箱体、四认铭牌。

一观工艺。观工艺是指从音箱外表的第一印象来判断层次和品质，一般情况下用天然原木精工打造的音箱质量比较好。常见的音箱都是以中密度纤维板（Medium Density Fiberboard，MDF）表面敷以一层薄木皮做装饰。除此之外，还应注意箱体背后的贴皮接缝和喇叭安装位挖扎工艺是否精确到位。

二掂重量。好的音箱大多是以 18~25 mm 厚的优质 MDF 打造，高档旗舰级音箱则是以紫檀、黄柚之类的超重实木或多层复合胶合板来打造，其重量感也就比较明显。

三敲箱体。用指节敲击箱体上、下、左、右、前、后障板，箱体各面均发出沉实而轻微的脆响，板材质地坚硬厚实，箱体结构合理、结实。该种箱体加工成本高、难度大，因而很少有假冒伪劣产品。

四认铭牌。真正好的音箱都有一块制作精良的镀金或镀铬铭牌标记，铭牌上一般都镌有鲜明的商标、公司、产地和相应技术指标等信息。名牌音箱十分注重品牌形象和企业知名度，因而所贴铭牌标记十分规范、精致，各项指标及企业名称、产地一应俱全。

选购音箱时，还应当遵循以下原则。

- 要注意音箱输出的音色。音色要均匀，要能够较好地反映出各种类型的声音所特有的品质。
- 要注意声场的定位能力。声场定位能力的好坏直接关系到用户在视听过程中是否具有良好的体验感。
- 要注意音箱频域动态放大限度。当用户将音箱的音量开大并超过一定限度时，音箱是否还能再在全音域内保持均匀、清晰的声源信号放大能力。
- 要注意音箱箱体是否有谐振。一般箱体较薄或塑料外壳的音箱在 200 Hz 以下的低频段大音量输出时，会发生谐振现象。出现箱体谐振会严重影响输出的音质，所以用户在挑选音箱时应尽量选择木制外壳的音箱。
- 要注意音箱箱体的防磁性。由于显示器对周围磁场十分敏感，如果音箱的磁场较大会使荧屏上的图像受到影响。
- 要注意音箱箱体的密闭性。因为音箱的密闭性越好，输出音质就越好。密闭性检查方法很简单，用户可将手放在音箱的倒相孔外，如果感觉有明显的空气冲出或吸进，就说明音箱的密闭性能不错。

2）声卡。

声卡（Sound Card）也叫音频卡，是多媒体计算机最基本的组成部分，是实现声波/数字信号相互转换的一种硬件。声卡的基本功能是把来自话筒、磁带、光盘的原始声音信号加以转换，通过乐器数字接口（Musical Instrument Digital Interface，MIDI）输出到耳机、扬声器、扩音机、录音机等声响设备，发出美妙的声音。图 2-39 所示为声卡。

图 2-39　声卡

（1）声卡的类型。

声卡发展至今，主要分为板卡式、集成式和外置式 3 种类型，以适应不同用户的需求。

①板卡式。

板卡式声卡也称为独立声卡，产品涵盖低、中、高各档次，售价从几十元到上千元不等。常见的板卡式声卡采用 PCI 接口或 PCI-Express 接口。

②集成式。

此类产品集成在主板上，具有不占用 PCI 接口、PCI-Express 接口或 USB 接口，成本更为低廉，兼容性更好等优势，能够满足普通用户的绝大多数音频需求，而且集成式声卡的技术也在不断进步，独立声卡具有的多声道、低 CPU 占用率等优势也相继出现在集成式声卡上，它也由此占据了声卡市场的半壁江山。

集成式声卡大致可分为软声卡和硬声卡，软声卡仅集成了一块信号采集编码的音频解码器（Audio Codec）芯片，声音部分的数据处理运算由 CPU 来完成，因此对 CPU 的占用率相对较高。硬声卡的声音处理芯片是独立的，声音数据由声音处理芯片独立完成，不需要 CPU 来协助运算，这样可以很大程度减轻 CPU 的负担。

③外置式。

外置式声卡通过 USB 接口与计算机连接，具有使用方便、便于移动等优势。但这类产品主要应用于特殊环境，如连接笔记本电脑实现更好的音质等。其接口主要有 Maya EX、Maya 5.1 USB 等。

（2）声卡的接口。

不管是独立声卡还是集成声卡，都有许多接口。常见的独立声卡的接口如图 2-40 所示。

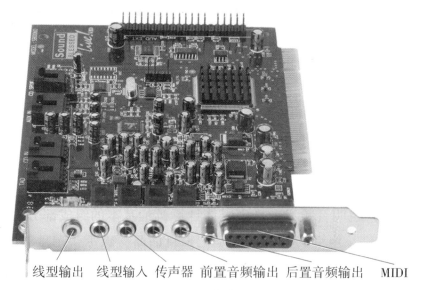

线型输出　线型输入　传声器　前置音频输出　后置音频输出　MIDI

图 2-40　声卡接口

这些接口的名称和功能如下。

第 1 个圆孔为线型输出端口，一般用于连接四声道以上的高端音箱。

第 2 个圆孔为线型输入端口，该端口将品质较好的声音信号输入，通过计算机的控制将声音信号录制为高品质的音频文件。

第 3 个圆孔为传声器连接端口，可以将现实环境中的声音通过传声器设备实现输入。

第 4 个圆孔为前置音频输出端口，一般用于外接音箱、耳机等设备。

第 5 个圆孔为后置音频输出端口，在 4 声道、6 声道或 8 声道音效设置下，用于连接后置环绕音箱。

最后一个 D 型接口为 MIDI，该接口用于连接电子乐器上的 MIDI，实现 MIDI 音乐信号的直接传输，也可以用来连接和配置游戏摇杆、模拟方向盘等设备。

操作实践：熟悉计算机各硬件设备

实验目的及要求如下。

1) 了解计算机系统的总体结构。

2) 熟练掌握各部件的功能和基本原理，重点熟悉主机箱内各板卡的名称、接口和功能。

【拓展阅读】

1. 扫一扫
信创第一课

2. 扫一扫
我国的信息技术创新发展战略核心——自主可控

【项目小结】

- 微型计算机的主板、CPU、内存条、机箱、电源、音箱等部件的作用、性能以及选购的方法。
- 微型计算机的机械硬盘、固态硬盘、光盘驱动器和外置存储设备的类型、功能以及选购的方法。
- 基本的输入设备鼠标和键盘的功能、结构以及选购的方法。
- 基本的输出设备显示器、显卡、音箱和声卡的性能、结构以及选购的方法。

【思考与练习】

1. 填空题

（1）_____的中文意思是基本输入/输出系统，是只读存储器基本输入/输出系统的简写。它实际是一组固化到主板 CMOS 芯片上的程序，其主要功能是为计算机提供最底层的、最直接的硬件设置和控制。它是软件程序和硬件设备之间的枢纽。

2）芯片组是主板的核心组成部分，它决定了主板的功能，影响整台计算机系统性能的发挥。芯片组的优劣，决定了主板性能的好坏与级别的高低，主板上最重要的芯片组就是_____和_____。

3）CPU 中文名称为_____，它是计算机的大脑。主要包括_____和_____两大部件。此外，还包括若干个寄存器和高速缓冲存储器及实现它们之间联系的数据、控制及状态总线。

4）机箱一般包括外壳、支架、面板上的各种开关、指示灯等。外壳用钢板和塑料结合制成，硬度高，主要起_____的作用。支架主要用于固定主板、电源和各种驱动器。

5）机械硬盘的主要特点之一是存储空间比较_____，有的硬盘容量已在 2 TB 以上。硬盘大多由多个盘片组成，每个盘片要分为若干个_____和_____，多个盘片表面的相应磁道在空间上形成多个同心圆柱面。

2. 选择题

1）对一台计算机来说，具有与人类大脑相似作用的硬件是（　　）。

A. 内存　　　　　　B. 主机　　　　　　C. 硬盘　　　　　　D. CPU

2）计算机的（　　）设备是计算机和外部进行信息交换的设备。

A. 输入输出　　　　　　　　　　　B. 外设

C. 中央处理器　　　　　　　　　　D. 存储器

3）计算机中的存储容量一般用（　　）来表示。

A. 位　　　　　　B. 字　　　　　　C. 字长　　　　　　D. 字节

4）倍频系数是 CPU 主频和（　　）之间的相对比例关系。

A. 外频　　　　　　B. 主频　　　　　　C. 时钟频率　　　　　　D. 都不对

5）硬盘中信息记录介质被称为（　　）。

A. 磁道　　　　　　B. 盘片　　　　　　C. 扇区　　　　　　D. 磁盘

6）（　　）决定了计算机可以支持的内存数量、种类、引脚数目。

A. 南桥芯片组　　　　　　　　　　B. 北桥芯片组

C. 内存芯片　　　　　　　　　　　D. 内存颗粒

7）下列（　　）不属于北桥芯片管理的范围之列。

A. 处理器　　　　　　B. 内存　　　　　　C. PCI-Express 接口　　　　　D. IDE 接口

3. 简答题

1）BIOS 和 CMOS 有什么区别？

2）CPU 的技术指标和参数有哪些？

3）机箱电源有什么用处？如何选购？

4）选购显示器时要注意什么？

5）音箱的技术指标和参数有哪些？如何选购？

【项目工单】

在线选配计算机、移动终端和外围设备

1. 项目背景

慧明公司根据业务需求，需要选配一批计算机、移动终端和外围设备。

2. 预期目标

选配计算机、移动终端和外围设备，可以通过购物平台实现，具体要求如下。

1）登录京东网，按需选购台式计算机。

2）登录中关村在线官网，运用网站提供的模拟攒机功能，按需选出性价比高的组装机方案。

3）根据功能需求，在购物平台上选择符合要求的智能移动终端和外围设备。

3. 项目资讯

1）选配设备前，可从哪些渠道获取和学习硬件知识？

_____

_____ 。

2）常见的购物平台有哪些？

_____

_____ 。

3）选配组装机时，在硬件设备的兼容性方面，需要注意哪些细节？

_____

_____ 。

4. 项目计划

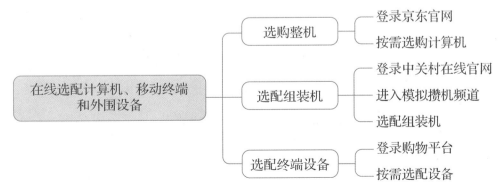

5. 项目实施

1）实施过程。

（1）登录京东网，按需选购台式计算机。

（2）登录中关村在线官网，运用网站提供的模拟攒机功能，按需选出性价比高的组装机方案。

（3）根据功能需求，在购物平台上选择符合要求的智能移动终端和外围设备。

2）实施效果。

通过登录相关购物平台，学会在线按需选配计算机、移动终端和外围设备。

6. 项目总结

1）过程记录。

序号	内容	思考及解决方法
1	【示例】选购台式计算机，采购需求：日常办公	【此处填写具体配置清单】
2		
3		
4		
5		
6		

2）工作总结。

7. 项目评价

内容	评分	教师评语
项目资讯（10分）		
项目实施（70分）		
项目总结（10分）		
其他（10分）		
总分		

项目三
组装计算机

【学习目标】

知道装机工具、材料和注意事项；

理解组装计算机的步骤。

能进行装机准备。

能正确组装计算机。

养成安全、规范进行装机操作的习惯。

了解我国的芯片发展状况。

 任务一 ▶ **装机准备**

装机模拟器之
装机指南

 【任务描述】

　　随着计算机的普及，越来越多的计算机用户喜欢根据自身的需求，自行采
购各类配件并完成个人计算机的组装与调试。

　　在组装计算机前，需要做好相应的准备工作（包括工具准备和材料准备
等），并熟悉组装计算机的流程。

 【任务实施】

1. 计算机配件的选购

　　在选配计算机前，要进行功能需求分析，并结合采购预算来选配计算机。
选配的计算机配件包括 CPU、主板、内存、显卡（按需选择集成显卡或独立显卡）、硬盘、电
源、键盘、鼠标、显示器等。

　　在选购计算机配件的时候，要注意以下几个方面。

　　1）CPU 与主板的配合。

　　由于 Intel 公司和 AMD 公司的 CPU 需要不同类型的接口，因此在选购的时候，一定要注
意 CPU 与主板的搭配。目前，已经有国产 CPU（如龙芯）和与之配套的主板可供选购。

　　2）内存与主板的配合。

　　不同型号的内存在主板上的插槽是不同的，因此在选购的时候，要注意内存的型号和主
板内存插槽的型号相匹配。

　　3）电源功率与接口的配合。

　　一是要注意计算 CPU、显卡等配件的耗电总功率，所采购电源的额定功率一定要大于耗
电总功率，同时，最好还要预留 20%～30% 的"富余"空间。二是注意电源接口是否与主板接
口相匹配。

　　4）显卡与主板的配合。

　　对于需要配置独立显卡的计算机而言，选用的显卡接口类型一定要和主板上的显卡插槽
类型相匹配。

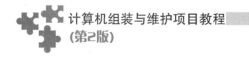

5）散热器与 CPU 的配合。

不同品牌的 CPU，其接口就有所不同，且对应的散热片与风扇也就不同。

2. 组装计算机前的准备工作

在选购了组装一台计算机所需的各类配件以后，就可以开始进行组装。在组装计算机的过程中有许多准备工作，具体如下。

1）准备工具。

常言道，"工欲善其事，必先利其器"，装机之前，首先要做的就是准备好各种装机工具，这些工具包括防静电手环、尖嘴钳、平口螺丝刀、十字螺丝刀、散热硅脂和扎带等，如图3-1所示。

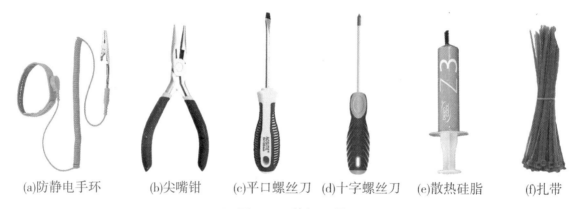

(a)防静电手环 (b)尖嘴钳 (c)平口螺丝刀 (d)十字螺丝刀 (e)散热硅脂 (f)扎带

图3-1　装机工具

（1）钳子。常见的钳子有老虎钳和尖嘴钳等，它可以用来拆卸机箱后面的挡板。在组装计算机的过程中，使用得较多的是尖嘴钳。

（2）平口螺丝刀。平口螺丝刀又称为一字螺丝刀，在组装计算机前准备一把平口螺丝刀，可以用来拆卸和安装一字形螺钉固定的配件（如拆卸和安装笔记本电脑的 CPU），还可以用来拆卸产品包装盒和封条等。

（3）十字螺丝刀。十字螺丝刀又称为十字螺丝起子或十字改锥，用于拆卸和安装十字形螺钉。由于计算机上的螺钉大多数都是十字形的，所以在组装计算机时，十字形螺丝刀使用的频率很高。同时，十字螺丝刀最好带有磁性，因为计算机各类配件安装完成后，机箱内部的空隙较小，一旦螺钉掉落在机箱内部想取出来就很麻烦，此时可用磁性螺丝刀吸出螺钉。

（4）散热硅脂。散热硅脂也称为散热膏，在安装 CPU 时是必不可少的，它可以填充 CPU 和散热片之间的间隙，帮助 CPU 散热。

（5）扎带。用于捆扎、固定机箱内外的各种线缆，以使机箱内外整齐美观。

（6）镊子。在组装计算机的过程中，可以用镊子来夹取螺钉、跳线帽等小零件。

2）准备材料。

（1）准备好装机所用的配件。配件包括 CPU、散热器、主板、内存条、显卡、硬盘、光驱、机箱、电源、键盘、鼠标、显示器、数据线、电源线等，如图3-2所示。

（2）电源排型插座。由于在计算机系统中不止一个设备需要供电，所以一定要准备一个电源排型插座，以便测试机器时使用。

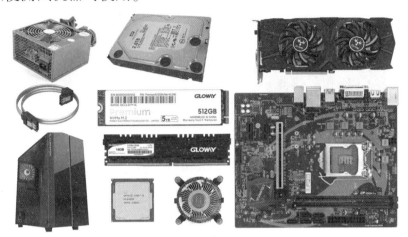

图 3-2　装机所用的配件

（3）器皿。计算机在安装和拆卸的过程中有许多螺钉及一些小零件需要随时取用，所以应该准备一个小器皿，用来盛装这些东西，防止丢失。

（4）工作台。在组装计算机的过程中，应当有一个高度适中、大小适合且坚固的工作台，便于用户操作。

3）装机过程中的注意事项。

（1）防止静电。由于人体通常带有静电，这些静电可能将集成电路上的元件损坏，因此在组装计算机之前，应当正确穿戴防静电手环、洗手或提前触摸接地导体以释放人体静电。

（2）防止液体进入计算机内部。在组装计算机的过程中，要防止各类液体进入计算机配件导致通电以后短路并损坏配件。因此，在组装过程中，一是不能将饮料和其他液体放在工作台上，二是要避免头上或手上的汗水滴落到配件上，三是防止手心或手指的汗液沾湿板卡。

（3）不可粗暴安装。在安装的过程中一定要注意使用正确的安装方法，对于不懂、不会的地方要仔细查阅说明书，不要强行安装，稍微用力不当就可能使引脚折断或变形。对于安装后位置不到位的设备不要强行使用螺钉固定，因为这样容易使板卡变形，日后易发生断裂或接触不良的情况。

（4）提前摆放好配件。先将各类配件从包装盒中取出按照安装顺序排好，查看说明书，了解是否有特殊的安装需求。准备工作做得越好，接下来的工作就会越轻松。

（5）规范安装。在主板装进机箱前，先安装处理器与内存，不然过后会很难安装，可能还会损坏主板。在安装主板上的拓展卡（如显卡、声卡等）时，要确定其安装牢固。

（6）做好测试工作。在计算机组装完成以后，首先检查各类配件是否安装到位，各类电源线和数据线是否正确连接，确保无误后盖上机箱，在不拧上螺钉的情况下通电开机测试。开机测试正常后，再关机并拧上机箱螺钉。

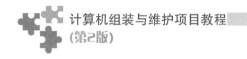
3. 计算机硬件组装的步骤

计算机硬件的组装没有一个固定的程式，主要以方便、可靠为原则。下面是常见的装机步骤。

1）在主板上安装 CPU 和散热器。

2）在主板上安装内存条。

3）在机箱内安装电源。

4）将安装好 CPU 和内存条的主板固定在机箱内，连接主板和 CPU 的电源线。

5）安装硬盘、光驱，并连接电源线和数据线。

6）安装显卡等扩展卡，并连接扩展卡的电源线，固定好扩展卡的螺钉。

7）在主板上连接机箱面板上的电源开关、复位开关和 USB 等跳线。

8）连接键盘、鼠标、打印机、音箱、显示器等外设。

9）检查各配件是否安装到位，各类电源线和数据线是否连接正确。

10）连接电源，通电测试。

11）测试正常以后，规范地排列和固定好机箱内的各类连接线，完成后拧紧机箱螺钉。

12）开机进入 BIOS，优化系统的 CMOS 参数，设置开机启动顺序等。

13）保存参数设置。

任务二　组装计算机

【任务描述】

组装计算机的过程就是按照规范的操作方法，将计算机的各个配件根据性能或功能要求进行合理搭配并组装的过程。

【任务实施】

在组装计算机前，首先应该采用正确佩戴防静电手环、触摸水管或洗手等方式消除身体所带的静电，避免将主板或板卡上的电子器件损坏；其次还应该爱护计算机的各个部件，轻拿轻放，切忌猛烈碰撞，防止人为损坏硬件。

组装计算机

1. 安装 CPU

在主板装进机箱前，应当先将 CPU 和内存安装在主板上。如果先在机箱内安装主板，再安装 CPU 等配件，机箱内空间狭小等因素会影响 CPU 和内存的安装。CPU 的安装过程如图 3-3 所示。

①用手按下铁丝扣，向上提起，切记不要先取黑盖再装CPU。　　②将CPU的3个卡口与主板的3个卡口对齐，再放下CPU。

i5 10400 CPU 的安装

③把开始提起的铁丝扣重新放下，这时上面的黑色盖子就会自动弹出，切记不要先取黑盖再装CPU。　　④CPU安装后效果。

图 3-3　CPU 的安装过程

将 CPU 在主板上安装好以后，还要在 CPU 上涂上一层散热硅脂。需要注意的是，散热硅脂涂抹不能过多或过少，只需在 CPU 上较薄地覆盖即可。

> **小提示**：一定要在 CPU 上涂抹散热硅脂，这有助于将 CPU 的热量传导至散热装置，避免 CPU 过热导致计算机死机甚至烧毁 CPU。此外，散热装置的接触面如出现任何细微的偏差，甚至只是一小点的灰尘，都会导致无法有效地将热量从 CPU 传导出来。

如果有比较陈旧的 CPU（以 Socket 478 针 CPU 为例）需要重新安装，可以扫描二维码学习安装技巧。

Socket 478
针 CPU 的安装

2. 安装散热器

为 CPU 涂上散热硅脂，按说明书安装好风冷散热器（见图 3-4）或水冷散热器（见图 3-5），然后将 CPU 风扇电源线接到主板 CPU 风扇电源接头上。

图 3-4　安装风冷散热器

图 3-5　安装水冷散热器

3. 安装内存条

内存条的安装很容易，对准内存与内存插槽上的凹、凸位，分别左、右用力压下，听到"咔"的一小声，左、右卡位会自动扣上，然后再用同样方法压好另一边即可。值得注意的是，现在有一些主板，为方便安装，只设置了一个卡位，而安装方法是一样的，如图 3-6 所示。

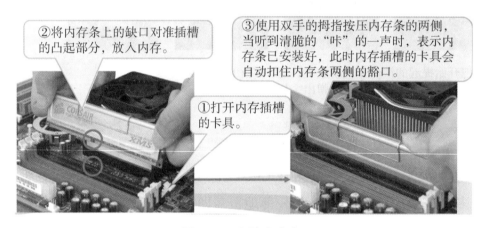

②将内存条上的缺口对准插槽的凸起部分，放入内存。

③使用双手的拇指按压内存条的两侧，当听到清脆的"咔"的一声时，表示内存条已安装好，此时内存插槽的卡具会自动扣住内存条两侧的豁口。

①打开内存插槽的卡具。

图 3-6　安装内存条

小提示：如果内存的凹位与内存插槽的凸位对应不上，说明主板不支持这种内存，如 DDR3 内存条不能与主板上的 DDR4 内存插槽相匹配。因此，在安装之前必须确定好内存条的型号和主板内存插槽是否匹配。

4. 安装电源

一般情况下，自行组装的计算机都需要在机箱内安装电源。在安装的时候，先观察电源上的螺钉固定孔与机箱的螺钉固定孔，确保位置正确后再将电源放进机箱内，采用对角固定法用螺钉固定好电源，最后拧紧螺钉即可。电源的安装如图 3-7 所示。

图 3-7　电源的安装

5. 固定主板

在主板上装好 CPU 和内存条后，即可将主板装入机箱中。不同的机箱固定主板的方法不一样，市场上绝大多数的主板都是采用螺钉固定，稳固程度高，但要求各个螺钉的位置必须精确。主板上一般有 5~7 个固定孔，要选择合适的孔与主板匹配，选好以后，把固定螺钉旋紧在底板上。然后把主板小心地放在上面，注意将主板上的键盘接口、鼠标接口、串/并接口等和机箱背面挡片的孔对齐，使所有螺钉对准主板的固定孔，依次把每个螺钉安装好。总之，要求主板与底板平行，决不能碰到一起，否则容易造成短路，如图 3-8 所示。

图 3-8　将主板安装到机箱中

1）将机箱或主板附带的固定螺柱和塑料钉插入主板和机箱的对应位置。

2）将机箱上的 I/O 接口的密封片去掉。可根据主板接口情况，将机箱后面相应位置的挡板去掉。这些挡板与机箱是直接连接在一起的，需要先用螺丝刀将其顶开，然后用尖嘴钳将其取下。安装独立显卡、独立声卡等扩展板卡对应位置的挡板可根据需要取下，而无须取下的挡板不要取下来，以免灰尘或其他异物进入机箱。

3）将主板对准 I/O 接口放入机箱。将主板的固定孔对准螺柱和塑料钉，然后用螺钉将主板固定好，如图 3-9 所示。

图 3-9　拧紧螺钉，固定主板

6. 安装硬盘

安装硬盘的过程如下。

1）打开机箱，拉动机箱中固定 3.5 英寸硬盘托架的扳手，取下 3.5 英寸硬盘托架，将硬盘装入托架中，拧紧硬盘螺钉，然后将硬盘托架重新装入机箱，并将固定扳手拉回原位，固定好硬盘托架。如果机箱内没有硬盘托架，也可将硬盘固定到机箱内的硬盘驱动仓。在硬盘驱动仓固定硬盘时，螺钉不能拧得过紧或过松。此外，还需注意硬盘的上下位置和前后顺序，便于后续连接电源线和数据线。

2）为硬盘连接数据线。SATA 硬盘与传统并行硬盘在接口上有些差异，SATA 硬盘采用 7 针细线缆。安装时，把数据线和电源线一端接到硬盘上，另外一端的数据线则接到主板的 SATA 接口中，如图 3-10 所示。由于数据线插头采用单向盲插设计，因此不会有插错方向的情况，并且 SATA 采用了点对点的连接方式，每个 SATA 接口只能连接一块硬盘，因此就不必像并行硬盘那样设置跳线了，系统会自动将 SATA 硬盘设定为主盘。

图 3-10　硬盘的安装

如果采用了 M.2 接口的固态硬盘，一般在安装内存条的同时，就将 M.2 固态硬盘一并固定在主板上。现在部分主板的 M.2 接口采用免螺丝安装设计，转动卡扣就可以轻松固定好固态硬盘。

M.2 固态硬盘的安装

7. 安装显卡

安装显卡主要可分为硬件安装和驱动安装两部分。硬件安装就是将显卡正确地安装到主板上的显卡插槽中，其需要掌握的要点首先是注意显卡插槽的类型，其次是在安装显卡时一定要关掉电源，并注意要将显卡安装到位，如图 3-11 所示。

(a)拆卸挡板　　　　　　　　　(b)安装显卡　　　　　　　　　(c)固定显卡

图 3-11　显卡的安装

第一步，从机箱后壳上移除对应插槽上的扩充挡板及螺钉。

第二步，将显卡小心地对准插槽并准确地插入插槽中。注意：务必确认将显卡上的"金手指"的金属触点准确地与插槽接触在一起。

第三步，用平口螺丝刀将螺钉锁上，使显卡固定在机箱壳上。

8. 连接机箱前置面板与信号灯、供电线缆

主板接线可以说是计算机组装门槛最高的一步，尤其是机箱上的供电线缆、复位线等相关跳线，一定要仔细观看主板说明书正确地连接。连接硬盘灯、电源灯、电源、复位开关和PC喇叭是组装计算机的五大难问题。最简单的方法是按照主板说明书，在主板上找到相应的位置，对着接线。记住一个最重要的规律，彩色是正极、黑/白是负极，如图3-12~图3-14所示。

(a)连接主板供电线缆

(b)连接CPU供电线缆

图 3-12　主板、CPU 供电线缆连接

图 3-13　前置音频、USB 跳线连接

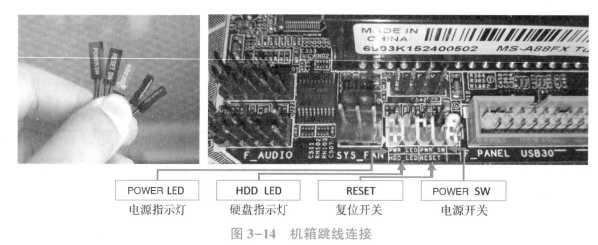

POWER LED	HDD LED	RESET	POWER SW
电源指示灯	硬盘指示灯	复位开关	电源开关

图 3-14　机箱跳线连接

　　小提示： 目前主流机箱前面板的电源指示灯、硬盘指示灯、复位开关、电源开关这几组跳线已经全部整合到一个有"防呆"功能的接头上了，我们只需将这个接头一次性插入主板上的对应接口即可。

　　只要按照主板说明书上的指示，对好正负极就可以开始接线。硬盘接线如图 3-15 所示。

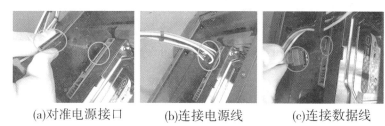

　(a)对准电源接口　　　　(b)连接电源线　　　　(c)连接数据线

图 3-15　硬盘接线

　　如果计算机中安装了中高端的独立显卡，通常需要连接显卡的电源线。一些高端独立显卡还要接多个辅助供电设备。显卡接线如图 3-16 所示。

图 3-16　显卡接线

9. 连接外部设备

正确连接键盘、鼠标、显示器和音箱等外部设备，然后插上显示器和主机的电源线，如图 3-17 所示。

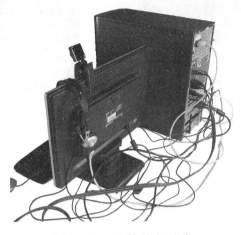

图 3-17　连接外部设备

10. 开机检测

在开机之前，再一次仔细检查各种连接线的连接，确保没有任何问题之后再通电。如果一切正常，那么计算机中的设备将开始加电运转，可以听到风扇转动的声音，机箱上的电源指示灯长亮；键盘上的 "NumLock" 等 3 个指示灯则是先亮一下，然后熄灭；显示器开始显示开机的自检信息。如图 3-18 所示。

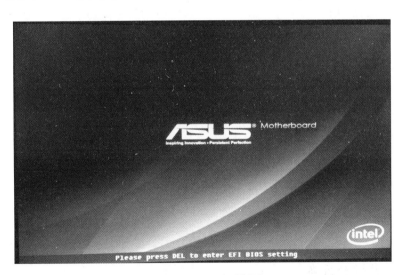

图 3-18　开机检测

11. 整理线缆

在通电测试正常以后，为了保证机箱内外的美观和整洁，需要整理机箱内外的各种连接

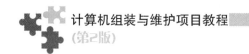
线缆，并用扎带将线缆固定好，然后整理和摆放好设备，最后再次通电测试。图 3-19 所示为机箱内外线缆整理后的效果。

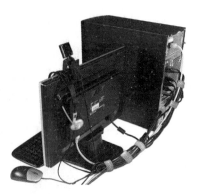

图 3-19　机箱内外线缆整理后的效果

操作实践：组装计算机

实验目的及要求如下。

1）熟练掌握计算机的组装方法。

2）掌握机箱前置面板和主板连线的接法。

3）熟练拆、装计算机。

【拓展阅读】

扫一扫

我国新一代处理器——
龙芯3A5000正式发布

扫一扫

装机模拟器简介

【项目小结】

- 微型计算机组装前的准备。
- 选购微型计算机的基本配件。
- 组装微型计算机的步骤及注意点。

【思考与练习】

1. 填空题

1）计算机最基本的配件有_____、CPU、内存、显示卡、电源供应器，有了这些东西，开机就可以看到_____，不过还需要安装硬盘等存储设备，才能安装操作系统。

2）目前市场的主流中央处理器主要分为两大类：_____和_____，它们分别需要对应不同的芯片组。

3）由于人体身上通常都带有静电，这些静电可能将集成电路上的元件_____。因此在组装计算机之前，应当穿戴静电手环或提前触摸接地的导电体释放静电。

4）一定要在CPU上涂散热硅脂，这有助于_____。处理器没有使用导热介质会导致死机甚至烧毁CPU。此外，散热装置的接触面如出现任何细微的偏差，甚至只是一小点的灰尘，都会导致无法有效地将热量从CPU传导出来。

2. 简答题

1）组装微型计算机前应准备什么工具？

2）简述组装微型计算机的基本步骤。

3）在机箱中固定主板时应该注意哪些内容？

4）机箱面板上的指示灯HDD LED、POWER LED、RESET、POWER SW分别表示什么意思？

【项目工单】

拆装和升级笔记本电脑

1. 项目背景

慧明公司有一台笔记本电脑已经购买三年多了。目前，这台笔记本电脑开机后不久，其表面温度就迅速升高，而且运行速度缓慢。公司经理希望维护人员能够对该笔记本电脑进行简单维护和升级。

2. 预期目标

为了方便携带，笔记本电脑主机内部空间设计比较狭小，容易导致散热不良，如果机箱内还有积尘，散热效果就会更加不好。因此，就需要对笔记本电脑内的积尘进行清理，同时为了提高笔记本运行速度，也可以同步升级内存。具体要求如下：

1）能拆装笔记本电脑。

2）会正确清理笔记本电脑机箱内的积尘。

3）会升级笔记本电脑内存。

3. 项目资讯

1）拆装笔记本电脑前，应该做哪些防范措施和准备工作？

_____

_____ 。

2）如何拆解和清理笔记本电脑 CPU 散热器？

_____

_____ 。

3）升级内存时要注意些什么？

_____

_____ 。

4）如何防止装回配件时多出螺钉或配件装不回去？

_____

_____ 。

4. 项目计划

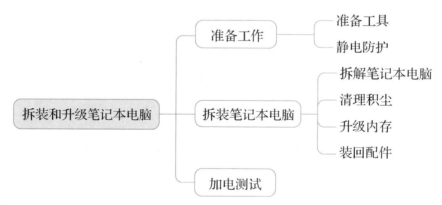

5. 项目实施

1）实施过程。

（1）工具准备和防静电准备。

（2）拆解笔记本电脑箱和拆卸 CPU 散热器。

（3）清理散热器和主板上的积尘。

（4）升级内存。

（5）重新装回所有配件和机箱外壳。

（6）加电测试。

2）实施效果。

清理积尘和升级内存后，笔记本电脑运行速度明显加快，性能明显提升。

6. 项目总结

1）过程记录。

序号	内容	思考及解决方法
1	【示例】工具准备和防静电准备	1. 准备平口螺丝刀、十字螺丝刀、电吹风、毛刷、防静电手环等工具，以及升级用的笔记本电脑内存。整齐摆放在工作台一侧，清理工作台上的无关物品 2. 触摸接地导体，穿戴防静电手环
2		
3		
4		
5		
6		

2）工作总结。

7. 项目评价

内容	评分	教师评语
项目资讯（10分）		
项目实施（70分）		
项目总结（10分）		
其他（10分）		
总分		

项目四
设置BIOS

【学习目标】

理解 BIOS 的作用。

知道传统 BIOS 与 UEFI BIOS 的区别。

了解常见的 BIOS 设置方法。

能设置 UEFI BIOS。

合理、正确设置和使用 BIOS 密码。

了解中国 CPU 产业与 UEFI 的发展之间的关系。

【任务描述】

通过本任务的学习，知道进入传统 BIOS 设置和 UEFI BIOS 设置的方法，会用 BIOS 设置的常用快捷键进行操作。

【任务实施】

1. 认识 BIOS

BIOS 全称是只读存储器基本输入/输出系统（ROM-BIOS）。它实际是一组被固化到主板 CMOS 芯片中，为计算机提供最低级最直接服务的硬件控制程序，它是软件程序和硬件设备之间的枢纽。

在计算机日常维护中，常常可以听到 BIOS 设置和 CMOS 设置的说法。CMOS 是主板上的一块可读/写的 RAM 芯片，用来保存 BIOS 的硬件配置和用户对某些参数的设定。BIOS 与 CMOS 既相关又不同。BIOS 中的系统设置程序是完成参数设置的手段，而 CMOS 是参数的存放场所。准确地说，我们是通过 BIOS 设置程序对 CMOS 参数进行设置。

当计算机开机时，BIOS 首先对主板上的基本硬件做自我诊断，设定硬件时序的参数，检测所有硬件设备，最后才将系统控制权交给操作系统。

一般要在以下情况才进行 BIOS 设置。

- 对新购计算机进行初始化配置时；
- 新增的硬件导致计算机系统不能识别时；
- 因电池失效或病毒破坏等情况，导致 CMOS 芯片中存储的数据丢失时；
- 需要对系统进行优化时。

2. 早期主板进入 BIOS 设置的方法

早期市面上流行的主板 BIOS 主要有 Award BIOS、AMI BIOS 和 Phoenix BIOS 3 种类型。这 3 种类型的 BIOS 一般是在开机自检完成以后，当屏幕上出现 "Press ×× to enter SETUP" 时，通过按下提示的按键即可进入 BIOS 设置界面。一般情况下，按〈Del〉键即可进入设置。如果没有任何提示，就要查看计算机或主板的使用说明书，或尝试按〈F2〉〈F10〉〈F12〉等键。

图 4-1 所示为 Phoenix-Award BIOS 的主板开机启动后的界面，此时就可以按下〈DEL〉键进入 BIOS 设置。

按下〈Del〉键以后，就进入 BIOS 设置界面，如图 4-2 所示。

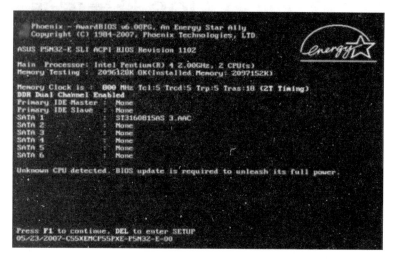

Phoenix-Award BIOS
的主要设置

图 4-1　Phoenix-Award BIOS 的主板开机启动后的界面

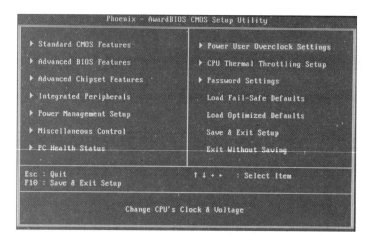

图 4-2　Phoenix-Award BIOS 设置界面

3. 进入 UEFI BIOS 设置的方法

当前主流的主板，其 BIOS 大多数已经升级为 UEFI。UEFI（Unified Extensible Firmware Interface，统一的可扩展固件接口）是一种详细描述全新类型接口的标准，是适用于计算机的标准固件接口，旨在代替 BIOS 并提高软件互操作性和解决 BIOS 的局限性。具备 UEFI 标准的 BIOS 设置通常被称为 UEFI BIOS。

UEFI BIOS 在开机时的作用和 BIOS 一样，就是初始化计算机。BIOS 的运行流程是开机、BIOS 初始化、BIOS 自检、引导操作系统、进入操作系统。UEFI BIOS 的运行流程是开机、UEFI BIOS 初始化、引导操作系统、进入操作系统。BIOS 和 UEFI BIOS 最大的不同在于，UEFI BIOS 没有加电自检过程，因此加快了计算机系统的启动速度。BIOS 在经历了十几年发展之后，也终于走到了尽头，外观、功能、安全、性能上的不足，都严重制约着它的进一步

发展。UEFI BIOS 作为 BIOS 的替代者，无论是界面、功能还是安全性，都要远远优于后者，这些优势使得 UEFI BIOS 在后续的发展中迅速取代 BIOS 了。

作为传统 BIOS 的继任者，UEFI BIOS 拥有之前的 BIOS 所不具备的诸多功能，比如图形化界面、多种多样的操作方式、允许植入硬件驱动等。这些特性让 UEFI BIOS 相比于传统 BIOS 更加易用、具有更多功能，这也促使众多主板厂商纷纷转投 UEFI 主板，并将此作为主板的标准配置之一。

UEFI BIOS 具有以下 5 个特点。

1）通过保护预启动或预引导进程，抵御 bootkit 攻击，从而提高安全性。

2）缩短了启动时间和从休眠状态恢复的时间。

3）支持容量超过 2.2 TB 的驱动器。

4）支持 64 位的现代固件设备驱动程序，系统在启动过程中可以使用它们来对超过 172 亿吉比特的内存进行寻址。

5）UEFI 硬件可与 BIOS 结合使用。

图 4-3 所示为华硕主板的开机画面。不同品牌的主板，其 UEFI BIOS 的设置程序可能不同，但进入设置程序的操作是相同的。启动计算机后，就会出现按下〈Del〉键或〈F2〉键进入 UEFI BIOS 设置的提示。

图 4-3　华硕主板开机画面

按下〈Del〉键以后，即可进入华硕主板 UEFI BIOS 的设置主界面，同时这也是该主板的 EZ Mode（简易模式），如图 4-4 所示。从该主界面可以基本看出此计算机的相关配置信息。

在图 4-4 中，标号①处可以看出计算机的主板是华硕 B360M-PLUS GAMING S 主板，BIOS 为 2012 版；CPU 为 Intel 酷睿 i5-8400，主频为 2.8 GHz；内存为 DDR4 2666 MHz 16 GB。标号②处可以看出该计算机是由两个金士顿 DDR4 2 666 MHz 8 GB 组建的双通道 16 GB 内存。标号③处可以看出 CPU 当前工作电压为 0.960 V，CPU 温度为 37℃，主板温度为 33℃。标号④处可以看出当前计算机在 SATA1 接口连接了一个 1 TB 的硬盘。标号⑤处除了可以查看和设置相应的启动顺序外，还可以看出该计算机连接了一个三星的 256 GB 的固态硬盘和 1 个约为 16 GB 的 U 盘。

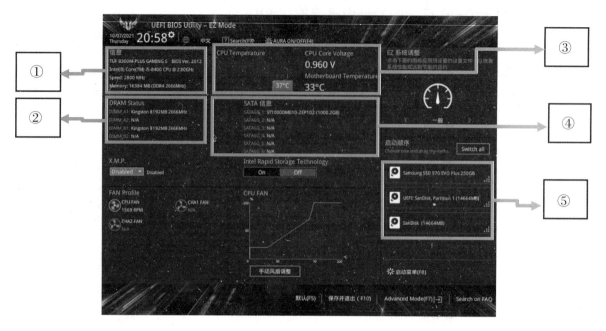

图 4-4　华硕主板 UEFI BIOS 主界面

4. BIOS 设置的常用快捷键

传统 BIOS 进入设置主界面后，可通过表 4-1 所示的快捷键进行操作。

表 4-1　BIOS 设置的常用快捷键

快捷键	功能
〈←〉〈→〉〈↑〉〈↓〉	用于在各设置选项间切换和移动
〈+〉或〈PageUp〉	用于切换选项设置递增值
〈-〉或〈PageDown〉	用于切换选项设置递减值
〈Enter〉	确认执行和显示选项的所有设置值并进入选项子菜单
〈F1〉或〈Alt〉+〈H〉	弹出帮助窗口，并显示所有功能键
〈F5〉	用于载入选项修改前的设置值
〈F6〉	用于载入选项的默认值
〈F7〉	用于载入选项的最优化默认值
〈F10〉	用于保存并退出 BIOS 设置
〈Esc〉	回到前一级画面或主画面，或从主画面中结束设置程序。按此键也可不保存设置直接要求退出 BIOS 程序

而 UEFI BIOS 除了可以使用快捷键操作外，还可以直接通过鼠标操作。当然，不同品牌的主板，其快捷键也会有所不同，但都会有相关的快捷键帮助信息供用户参考。华硕主板的 UEFI BIOS 设置快捷键的界面如图 4-5 所示。

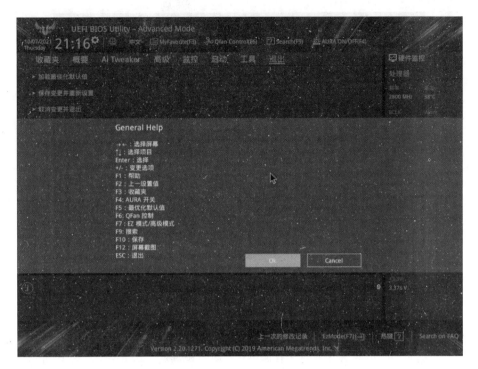

图 4-5　华硕 UEFI BIOS 设置快捷键

任务二　熟悉 UEFI BIOS 的常见设置

【任务描述】

　　不同的主板，其 UEFI BIOS 的设置界面会有所不同。通过本任务的学习，熟悉 UEFI BIOS 的常见设置操作。

【任务实施】

　　不同品牌主板的 UEFI BIOS 的设置界面会有所不同，但万变不离其宗。华硕的 UEFI 主板通常提供了 EZ Mode（简易模式）和 Advanced Mode（高级模式）供用户设置。通常主板的高级模式中包括系统设置、高级设置、启动设置、BIOS 升级、保存退出等。同时，当前主流主板的 UEFI BIOS 一般都提供了英语、中文等多种语言模式供用户选择。以华硕主板的 UEFI BIOS 为例，设置其语言模式，只需在进入 Advanced Mode（高级模式）以后，在"概要"设置内，选择"语言"选项为"中文"即可，如图 4-6 所示。

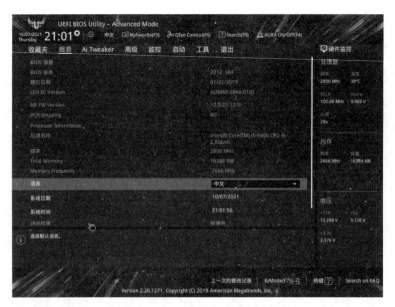

主流 BIOS
常见设置

图 4-6 "概要"设置界面

小提示：也可以在开机进入 UEFI BIOS 的简易模式时，在顶部菜单中单击对应的语言按钮，切换相应的语言模式。

华硕主板 UEFI BIOS 中的高级模式中，通常包括"概要""Ai Tweaker""高级""监控""启动""工具""退出"等设置。

"概要"：主要用于显示和设置系统的各种状态信息，包括日期、时间的设置和查看各类硬件的当前状态信息。

"Ai Tweaker"：智能超频设置。该项设置一定要慎重，确保安装的 CPU 具备可超频功能才能进行设置，否则会因为设置电压过高等不当操作，损坏 CPU 或者主板。

"高级"：主要用于显示和设置计算机系统的高级选项，包括 PCI 子系统、主板中的各种芯片组、电源管理、外部运行的设备控制等，如图 4-7 所示。

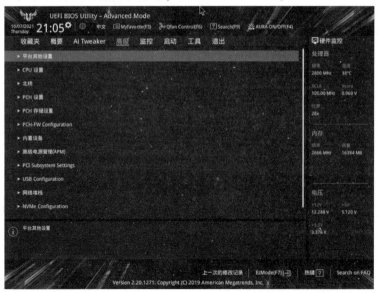

图 4-7 "高级"设置界面

"监控"：主要用于检测当前处理器温度、处理器风扇转速、处理器电压和其他工作电压并显示状态信息，如图4-8所示。

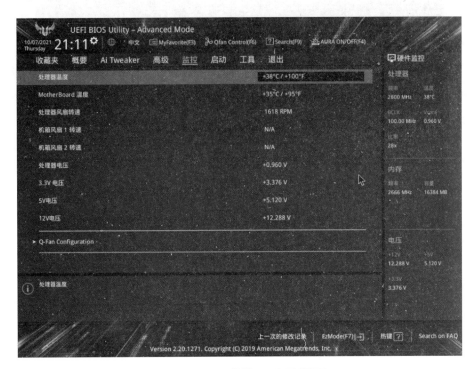

图4-8　"监控"设置界面

"启动"：主要用于显示和设置系统的启动信息，包括启动设置、CSM（兼容性支持模块）、安全启动菜单等，如图4-9所示。

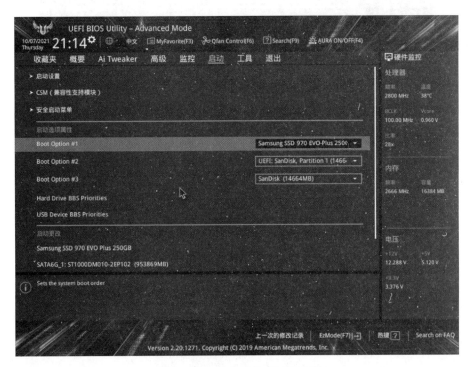

图4-9　"启动"设置界面

"工具"：用于设置BIOS升级、查看用户设置文档等，如图4-10所示。

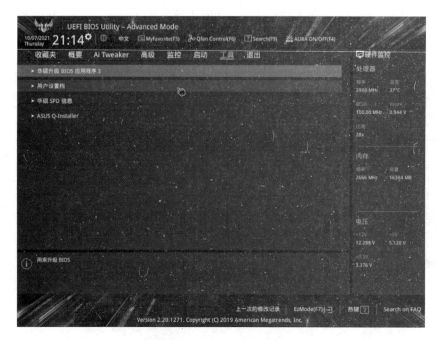

图 4-10　工具设置界面

"退出"：主要用于设置 UEFI BIOS 的操作更改，包括保存选项和更改的操作等，如图 4-11 所示。

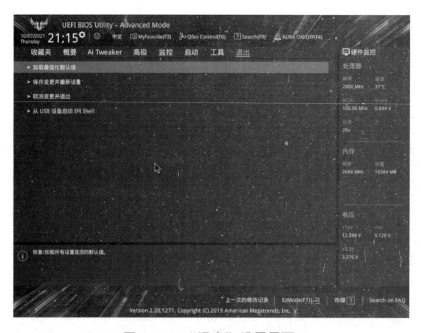

图 4-11　"退出"设置界面

1. 设置计算机启动顺序

启动顺序是指系统启动时，计算机将按设置的驱动器顺序查找并加载操作系统。启动顺序在"启动"界面中进行设置。用户新购的计算机，尤其是用户自行组装的计算机，往往都没有自带操作系统，需要用户自行安装操作系统。在操作系统安装之前，一般情况下需要设置系统的启动顺序。此外，如果计算机上安装了双硬盘，也需要设置启动顺序。具体的设置

方法如下。

1) 启动计算机，当出现自检画面时根据提示按〈Del〉键，进入 UEFI BIOS 设置主界面，单击下面的"Advanced Mode（F7）"按钮，再单击顶部的"启动"（标号①处）选项卡，进入"启动"设置界面，如图 4-12 所示。

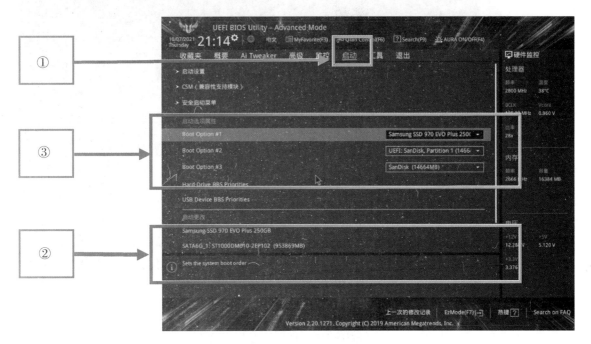

图 4-12　"启动"设置界面

2) 在图 4-12 的"启动更改"（标号②）处，可以用鼠标拖曳两个硬盘的顺序，来确定启动的优先级。该图中设置了固态硬盘的启动优先级高于 SATA 机械硬盘的启动优先级。

3) 确定好两块硬盘的优先级后，在图 4-12 所示的"启动选项属性"（标号③）处，分别设置硬盘和 U 盘的启动优先级。该图中设置的是第一启动顺序为硬盘启动，U 盘启动作为第二和第三启动顺序。如果在实际安装操作系统过程中，需要设置 U 盘为启动引导盘，可设置 U 盘的启动优先级高于硬盘。

> **小提示：** 在计算机安装单硬盘的状态下，可以在华硕主板的 UEFI BIOS 简易模式中，直接用鼠标拖曳改变相应硬件的启动顺序（见图 4-4 中的标号⑤）。

2. 设置管理员密码和用户密码

通常在 BIOS 设置中有两种密码形式，一种是管理员密码，另一种是用户密码。设置管理员密码后，计算机开机就需要输入该密码，否则无法正常启动操作系统（如果是计算机机房等公用计算机，请不要随意设置管理员密码）；设置用户密码后，可以正常开机使用，但进入 BIOS 需要输入该密码。

下面以设置管理员密码为例，具体操作如下：

1) 进入 UEFI BIOS 的高级模式，选择顶部的"概要"（标号①处）选项卡，单击"安全

性"（标号②处）选项，如图 4-13 所示。

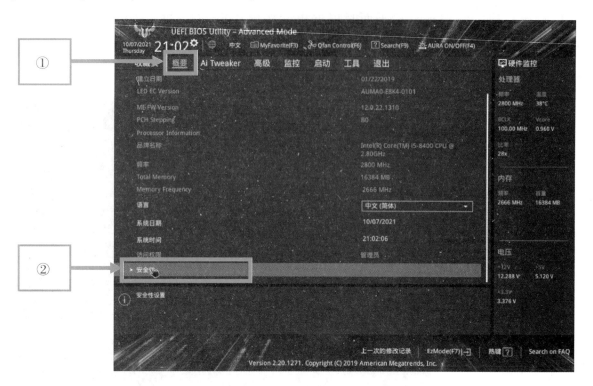

图 4-13 "概要"设置界面中的"安全性"设置

2）单击"安全性"选项后，展开的选项中就有设置管理员密码和用户密码的选项，如图 4-14 所示。

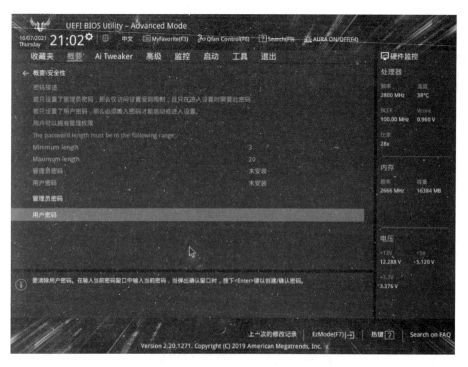

图 4-14 展开的"安全性"设置界面

3）此时单击"管理员密码"选项，即可打开"Enter password"对话框，用户在两个文本框中输入相同的密码后单击"Ok"按钮即可完成设置，如图 4-15 所示。

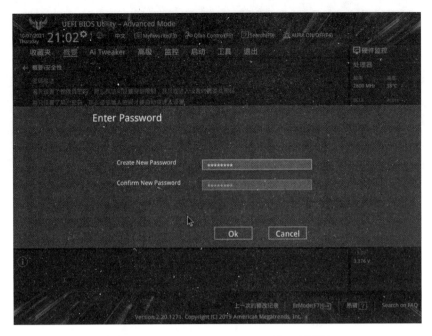

图 4-15 "Enter password" 对话框

4）如果要清空已经设置的密码，则再次单击"管理员密码"选项，重新打开"Enter password"对话框。此时只需在该对话框中的第一个文本框中输入原始密码，将另外两个文本框留空即可，如图 4-16 所示。

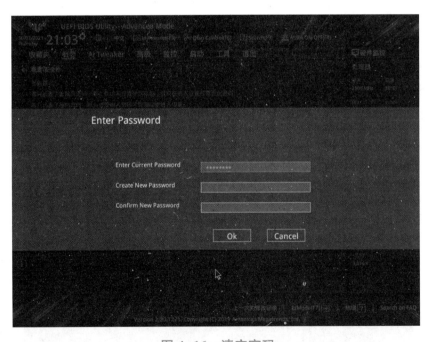

图 4-16 清空密码

5）完成以后单击"Ok"按钮，在弹出的"WARNING"对话框中单击"Ok"按钮即可完成密码的清空操作，如图 4-17 所示。

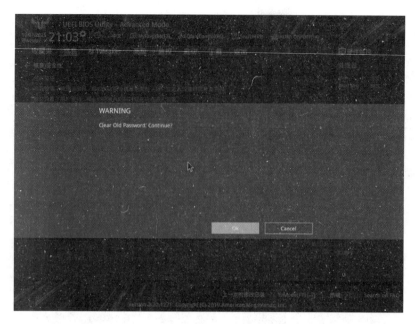

图 4-17　"WARNING" 对话框

　　小提示：①如果要重新设置密码，则在图 4-16 的第二个和第三个文本框中输入相同的新密码后，单击"Ok"按钮即可；②设置用户密码的操作方式与设置管理员密码的操作方式相似。

3. 退出 UEFI BIOS 设置

　　对 UEFI BIOS 设置完成以后，最重要的是要将设置的参数进行保存，否则下次启动计算机后，所有的参数设置将无效。在高级模式下，单击顶部的"退出"选项卡，即可出现图 4-18 所示的"退"出界面。

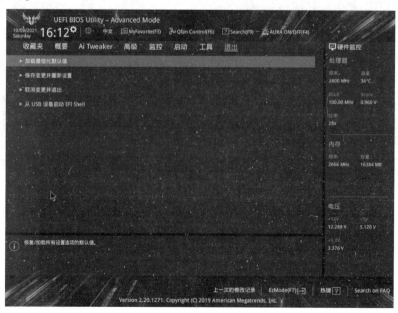

图 4-18　"退出"界面

在该界面中，有"加载最佳化默认值""保存变更并重新设置""取消变更并退出""从 USB 设备启动 EFI Shell" 4 个选项，其含义分别如下。

1）加载最佳化默认值。

"加载最佳化默认值"选项是指将设置恢复到出厂的状态。一般情况下，如果用户对 BIOS 进行了错误设置，或是计算机启动、运行过程中出现故障，可尝试使用该选项进行恢复或故障排查。单击该选项以后，会弹出图 4-19 所示的"Load Optimized Defaults"对话框，只要单击"Ok"按钮即可完成设置。

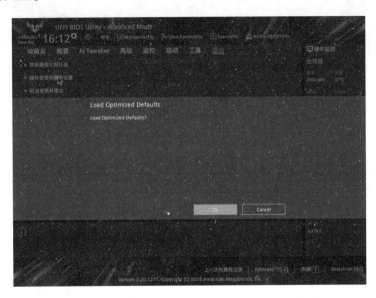

图 4-19　"Load Optimized Defaults"对话框

2）保存变更并重新设置。

"保存变更并重新设置"选项是用户对 BIOS 进行设置以后，使相关的设置保存生效的选项。单击该选项以后，会弹出图 4-20 所示的"Save & reset"对话框，在对话框中单击"Ok"按钮即可保存更改的 BIOS 设置并重启计算机。

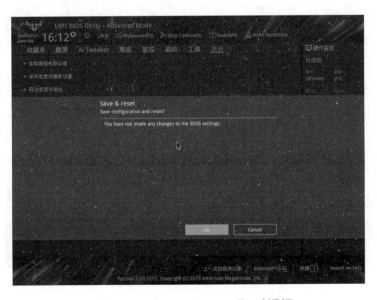

图 4-20　"Save & reset"对话框

3）取消变更并退出。

用户一旦选择了"取消变更并退出"选项，则表示放弃当前在 BIOS 中的设置。单击该选项以后，会弹出图 4-21 所示的"Exit Without Saving"对话框。在该对话框中单击"Ok"按钮，则表示放弃保存并重启计算机。

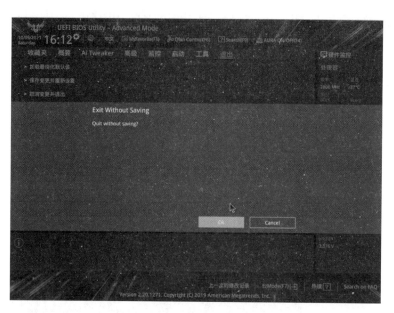

图 4-21 "Exit Without Saving"对话框

4）从 USB 设备启动 EFI Shell。

EFI Shell 是 EFI（Extensible Firmware Interface，可扩展固件接口）提供的一个交互式的命令行 Shell 环境，在该环境中可以进行执行 EFI 应用程序、加载 EFI 设备驱动程序、引导操作系统等操作。"从 USB 设备启动 EFI Shell"就是指从 USB 存储设备中启动 EFI Shell。选择该选项以后，就会弹出图 4-22 所示的"WARNING"对话框。

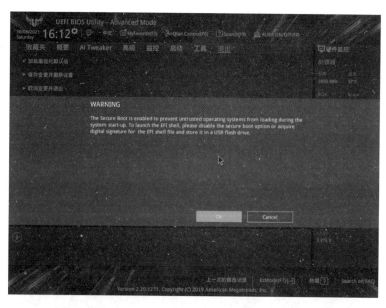

图 4-22 "WARNING"对话框

操作实践：BIOS 参数设置

请根据所学知识与技能，利用自己的计算机或实验专用计算机，对下列 BIOS 功能进行设置，并观察与分析在不同计算机上相关功能设置方法的异同。

1）恢复 BIOS 的出厂默认设置。

2）分别设置用户密码和管理员密码。

3）设置开机第一启动顺序为硬盘启动。

4）保存 BIOS 设置并退出。

【拓展阅读】

扫一扫

中国CPU产业将与UEFI
的发展相互促进

【项目小结】

- BIOS 的概念及 BIOS 与 CMOS 的区别。
- 进入 BIOS 设置的方法。
- UEFI BIOS 与传统 BIOS 的区别。
- UEFI BIOS 的常见设置。

【思考与练习】

1. 填空题

1）一般情况下，开机后按＿＿＿＿＿＿键进入 BIOS 的设置。

2）BIOS 即＿＿＿＿＿＿，它实际是一组被固化到主板 CMOS 芯片中，为计算机提供最低级最直接服务的硬件控制程序，它是软件程序和硬件设备之间的枢纽。

3）UEFI 的中文名称为＿＿＿＿＿＿＿＿＿＿＿＿。

4）UEFI BIOS 与传统 BIOS 的最大区别之处在于＿＿＿＿＿＿＿＿＿＿＿。

5）如果要求用户在开机时必须输入密码，则需要设置 BIOS 的＿＿＿＿＿＿＿＿密码。

2. 简答题

1）在什么样的情形下需要设置 BIOS？

2）UEFI BIOS 具有哪些特点？

3）设置管理员密码和用户密码的目的是什么？

4）请描述传统 BIOS 与 UEFI BIOS 的异同。

【项目工单】

设置 BIOS

1. 项目背景

慧明公司近期刚刚采购了一批计算机，在使用这些新计算机前，一般需要对这些计算机的 BIOS 程序设置进行检查，如果发现 BIOS 程序的设置不合理，则需要修改 BIOS 设置。

2. 预期目标

新采购的计算机，一般情况下需要对 BIOS 中的日期和时间、硬盘工作模式和启动顺序等进行检查或设置。同时，为了防止除了管理员外的其他用户对 BIOS 程序进行修改，还需要设置管理员密码等，具体要求如下。

1）检查日期和时间设置是否正确，如果不准确则需要进行修改。

2）检查硬盘的工作模式是否设置合理，如果不合理则需要进行重新设置。

3）检查启动顺序是否合理，如果不合理则需要调整启动顺序。

4）设置管理员密码，防止其他用户修改 BIOS 设置。

3. 项目资讯

1）什么是 BIOS？什么是 CMOS？二者的区别是什么？

2）什么是 UEFI BIOS？和传统 BIOS 相比，UEFI BIOS 有什么优势？

3）进入 BIOS 设置的方法是什么？常见 BIOS 设置的快捷键有哪些？

_____

_____ 。

4）设置管理员密码和用户密码的区别是什么？

_____

_____ 。

4. 项目计划

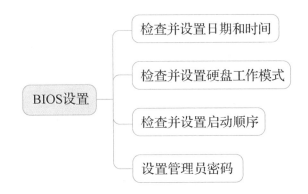

5. 项目实施

1）实施过程。

（1）开机进入计算机 BIOS 设置程序。

（2）检查并设置日期和时间。

（3）检查并设置硬盘工作模式。

（4）检查并设置启动顺序。

（5）设置管理员密码。

2）实施效果。

计算机的日期和时间正确，硬盘工作模式符合计算机硬件的实际情况，计算机运行效果好。

6. 项目总结

1）过程记录。

序号	内容	思考及解决方法
1	【示例】开机进入计算机 BIOS 设置程序：经过查询得知，我所使用的＊＊台式计算机开机进入为＊＊	开机后，需要立即按键盘上相应的键才能进入 BIOS。通过百度搜索/官网查询等得知，不同品牌的计算机，开机进入 BIOS 的快捷键是不完全相同的

序号	内容	思考及解决方法
2		
3		
4		
5		
6		

2）工作总结。

7. 项目评价

内容	评分	教师评语
项目资讯（10分）		
项目实施（70分）		
项目总结（10分）		
其他（10分）		
总分		

项目五
安装操作系统

【学习目标】

知道操作系统的概念及分类。

了解国产操作系统。

能全新或升级安装 Windows 10 操作系统。

能安装与新建虚拟机。

能安装国产操作系统。

任务一 ▶ 认识操作系统

【任务描述】

操作系统是用户与计算机的接口，也是计算机硬件和其他软件的接口。操作系统是计算机最基本，也是最为重要的基础性系统软件。通过本任务的学习，我们将了解操作系统的概念和操作系统的分类等相关知识。

【任务实施】

1. 操作系统的概念

广义的操作系统包括：计算机（PC、工作站、服务器）系统、移动端系统（如鸿蒙）、嵌入式系统等。

计算机操作系统的功能角色是作为用户和计算机硬件资源之间的交互，管理调度硬件资源，为应用软件提供运行环境。操作系统属于基础软件，是系统级程序的汇集，为用户屏蔽底层硬件复杂度，并提供编程接口和操作入口。计算机软硬件的层次结构如图 5-1 所示。

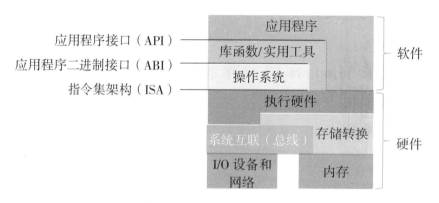

图 5-1　计算机软硬件的层次结构

CPU 调度系统资源，控制应用程序执行的时机，决定各个程序分配的处理器时间。操作系统需要兼容底层硬件和应用软件，才能实现计算机的功能。操作系统管理调度计算机资源如图 5-2 所示。

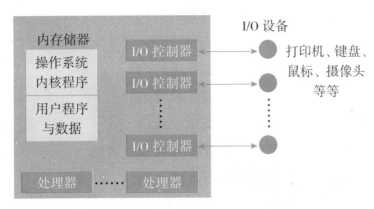

图 5-2　操作系统管理调度计算机资源

2. 操作系统的分类

操作系统的分类有很多方法。根据核心代码是否向外开放，操作系统可划分为两类：闭源操作系统、开源操作系统。

1）闭源操作系统：代码不开放，以微软 Windows 操作系统为代表。

微软公司内部的研发团队开发 Windows 操作系统，并开发配套的应用软件，比如 Office。在生态建设方面，Intel 和 Windows 长期合作，在 PC 端市场占有率全球领先。

Windows 操作系统的访问分为用户模式（User mode）和内核模式（Kernel mode）。用户级的应用程序在用户模式中运行，而系统级的应用程序在内核模式中运行。

内核模式允许访问所有的系统内存和 CPU 指令。Windows 操作系统从早期的 16 位、32 位到现在流行的 64 位，系统版本从 Windows 1.0 到 Windows 95、Windows 98、Windows 2000、Windows XP、Windows Vista、Windows 7、Windows 8、Windows 8.1、Windows 10、Windows 11 和 Windows Server 等，不断持续更新。

Windows 操作系统的优势在于图形界面。图形界面使得普通用户操作起来非常便利。相比大部分 Linux 操作系统，Windows 操作系统的常用软件安装和系统设置不需要以命令行的方式去输入系统指令，只需要单击"按钮"即可完成。如今，绝大多数常见软件、专用软件和底层硬件都支持 Windows 操作系统，形成了强大的生态体系。

2）开源操作系统：代码免费开放，以 Linux 操作系统为代表。

Linux 内核由 Linus Benedict Torvalds（林纳斯·本纳第克特·托瓦兹，芬兰人，Linux 之父）在 1991 年发布，代码免费公开，由全球开发者共同贡献，已成为影响最广泛的开源软件项目。以 Linux 内核为基础，不同的开发团体（开源社区、企业、个人等）对内核代码进行一定的修改和补充，加入图形用户界面（Graphical User Interface，GUI）、应用等部分，形成了相应的 Linux 操作系统发行版。

Linux 操作系统版本之间存在衍生关系，由此形成 Red Hat、Slackware、Debian 等几大家族，各家族内部又衍生出一些著名版本，如 Ubuntu、SUSE、CentOS、Fedora 等。

Linux 操作系统由 4 部分组成：内核（Kernel）、Shell、文件系统、应用程序。内核是操作系统的核心，不同于 Windows 操作系统的内核，Linux 操作系统的内核不仅实现了进程调度、内存管理、中断处理、异常陷阱处理，而且还实现了进程管理、进程通信机制、虚拟内存管理、文件系统驱动和 USB、网络、声音等各类设备驱动子系统，决定了整个系统的性能和稳定性。而 Shell 是系统的用户界面，提供用户与内核交互的接口，接收用户输入的命令并送入内核去执行。Linux 操作系统结构如图 5-3 所示。

图 5-3　Linux 操作系统结构

中国正在抓紧国产操作系统的研发工作，图 5-4 所示是目前主流的国产操作系统，它们大多是基于 Linux 开源内核开发的。

图 5-4　主流国产操作系统

银河麒麟桌面操作系统
V10 产品白皮书

统信 UOS 桌面操作系
统——产品手册

任务二　升级安装 Windows 10 操作系统

【任务描述】

安装 Windows 10 操作系统有多种方法，如果以前已经安装了低版本的 Windows 操作系统，则可以使用升级安装的方法来安装 Windows 10 操作系统。

【任务实施】

1. 准备工作

1）确保安装 Windows 10 操作系统所需的硬件达到以下要求。

处理器：1 GHz 或更快的处理器。

内存：1 GB（32 位）或 2 GB（64 位）。

硬盘空间大小：至少 16 GB（32 位操作系统）或 32 GB（64 位操作系统）。

显卡：支持 DirectX 9 或更高版本。

显示器分辨率：800 像素×600 像素及以上。

互联网连接：需要连接互联网进行更新和下载，以及利用某些功能。

> **小提示**：Windows 10 操作系统有电脑版和移动版之分，电脑版又分为家庭版、教育版和专业版等。

2）从微软官方网站上下载媒体创建工具，如图 5-5 所示。

图 5-5　官方网站下载媒体创建工具

2. 升级安装

1）右击下载好的创建工具，在弹出的快捷菜单中选择"以管理员身份运行"命令，并接受许可条款，如图 5-6 所示。

2）接下来，选择"立即升级这台电脑"单选按钮，然后单击"下一步"按钮，如图 5-7 所示。

图 5-6　接受许可条款　　　　　图 5-7　选择"立即升级这台电脑"单选按钮

3）然后开始下载 Windows 10 和创建 Windows 10 介质，只需等待完成即可，如图 5-8 和图 5-9 所示。

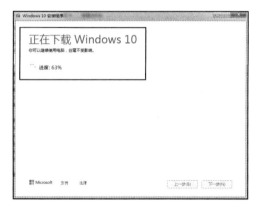

图 5-8　下载 Windows 10　　　　　　　　图 5-9　创建 Windows 10 介质

小提示： C 盘上至少要有 8 GB 的可用磁盘空间。

4）输入 25 位的产品密钥后，单击"下一步"按钮，如图 5-10 所示。

图 5-10　输入产品密钥

小提示： 如果之前已在此计算机上升级到 Windows 10 且正在重新安装，则无须输入产品密钥。

5）根据自己的实际情况，选择要保留的个人文件和应用，然后保存并关闭当前计算机打开的所有应用和文件，就可以单击"安装"按钮开始正式安装了，如图 5-11 所示。

6）安装 Windows 10 操作系统可能需要一些时间，此过程将会重启几次计算机，请确保不要关机。如果是笔记本电脑，请确保电池电量充足。

图 5-11　准备正式安装

任务三　安装 Windows 10 操作系统

【任务描述】

新购买的计算机或硬盘，一般要重新安装操作系统。在安装操作系统前，要先做好准备工作，然后创建启动盘，再按操作提示一步一步地执行安装，直到成功进入 Windows 10 操作系统的桌面为止。

【任务实施】

1. 准备工作

1）确保安装 Windows 10 操作系统所需的硬件达到要求（硬件要求与升级安装 Windows 10 操作系统是一样的）。

2）准备好容量至少 8 GB 的空白 U 盘。

2. 创建启动 U 盘

创建 Windows 10 操作系统启动 U 盘

1）从微软官方网站上下载媒体创建工具，然后右击下载好的创建工具，在弹出的快捷菜单中选择"以管理员身份运行"命令，并接受许可条款。

2）把至少有 8 GB 容量的空白 U 盘插入计算机，然后选择"为另一台电脑创建安装介质（U 盘、DVD 或 ISO 文件）"单选按钮，单击"下一步"按钮，如图 5-12 所示。

3）选择 Windows 10 操作系统的语言、版本和体系结构（64 位或 32 位），如图 5-13 所示。

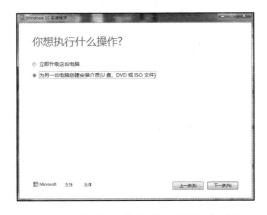

图 5-12　创建安装介质（制作启动盘）　　　　图 5-13　选择语言、版本和体系结构

4）选择"U 盘"单选按钮，设置要使用的介质为 U 盘，如图 5-14 所示。注意：如果该 U 盘不是空白 U 盘，那么原有的所有内容都将被删除。

图 5-14　选择"U 盘"单选按钮

小提示：当选择"ISO 文件"单选按钮时，将会把下载的 Windows 10 操作系统的 ISO 文件保存到计算机磁盘上，该文件可用于创建 DVD，然后用创建的 DVD 光盘来安装 Windows 10 操作系统。

3. 安装 Windows 10 操作系统

1）在要安装 Windows 10 操作系统的计算机上插入制作好的启动 U 盘。

2）重新启动计算机，在出现的启动菜单中，选择从 U 盘启动后按回车键确认。

如果计算机没有自动从 U 盘启动，可能需要打开启动菜单或在计算机 BIOS 或 UEFI BIOS 设置中更改启动顺序。如果要打开启动菜单或更改启动顺序，通常需要在打开计算机后立即按下快捷键（例如〈F2〉、〈F12〉、〈Del〉或〈Esc〉等，具体如表 5-1 所示）。如果没有看到 USB 设备在引导选项中列出，可能需要在 BIOS 设置中暂时禁用"安全引导"功能。

安装 Windows 10 操作系统

表 5-1　常见品牌主板、笔记本电脑、台式计算机开机启动快捷键

组装计算机主板		品牌笔记本电脑		品牌台式计算机	
主板品牌	启动快捷键	笔记本电脑品牌	启动快捷键	台式计算机品牌	启动快捷键
华硕	〈F8〉	华为	〈F12〉	联想	〈F12〉
技嘉	〈F12〉	宏碁	〈F12〉	惠普	〈F12〉
微星	〈F11〉	华硕	〈Esc〉	宏碁	〈F12〉
映泰	〈F9〉	惠普	〈F9〉	戴尔	〈Esc〉

组装计算机主板		品牌笔记本电脑		品牌台式计算机	
主板品牌	启动快捷键	笔记本电脑品牌	启动快捷键	台式计算机品牌	启动快捷键
梅捷	〈Esc〉或〈F12〉	联想、ThinkPad	〈F12〉	神舟	〈F12〉
七彩虹	〈Esc〉或〈F11〉	戴尔	〈F12〉	华硕	〈F8〉
华擎	〈F11〉	神舟	〈F12〉	方正	〈F12〉
斯巴达卡	〈Esc〉	东芝	〈F12〉	清华同方	〈F12〉
昂达	〈F11〉	三星	〈F12〉	海尔	〈F12〉
双敏	〈Esc〉	IBM	〈F12〉	明基	〈F8〉
翔升	〈F10〉	富士通	〈F12〉		
精英	〈Esc〉或〈F11〉	海尔	〈F12〉		
冠盟	〈F11〉或〈F12〉	方正	〈F12〉		
富士康	〈Esc〉或〈F12〉	清华同方	〈F12〉		
顶星	〈F11〉或〈F12〉	微星	〈F11〉		
铭瑄	〈Esc〉	明基	〈F9〉		
盈通	〈F8〉	技嘉	〈F12〉		
捷波	〈Esc〉	Gateway	〈F12〉		
Intel	〈F6〉或〈F12〉	eMachines	〈F12〉		
杰微	〈Esc〉或〈F8〉	索尼	〈Esc〉或是〈F2〉		
致铭	〈F12〉	苹果	长按〈option〉键		
磐英	〈Esc〉				
磐正	〈Esc〉				
冠铭	〈F9〉				

3）计算机从 U 盘启动安装程序后，默认选择输入语言和其他首选项，单击"下一步"按钮，出现图 5-15 所示的窗口，单击"现在安装"按钮。

4）在"激活 Windows"这个页面，如果已经买了 Windows 10 操作系统的激活码，直接输入，单击"下一步"按钮即可，如果还没有购买，那么就选择"我没有产品密钥"选项，可以进入系统试用，以后再激活，如图 5-16 所示。

图 5-15　单击"现在安装"按钮

图 5-16　输入产品密钥

5）接下来选择要安装的版本，单击"下一步"按钮，如图 5-17 所示。

6）接受许可条款后，选择"自定义：仅安装 Windows（高级）"，如图 5-18 所示。

图 5-17　选择安装的版本

图 5-18　自定义安装

7）按实际情况建立和选择分区，准备好后，就开始正式安装了，如图 5-19 所示。

8）完成上述安装 10 秒后会自动重启计算机，如图 5-20 所示。

图 5-19　正在安装 Windows

图 5-20　自动重启计算机

9）重启后，会等待一段较长的时间，然后出现选择区域设置和键盘布局的界面，如图 5-21 和图 5-22 所示。

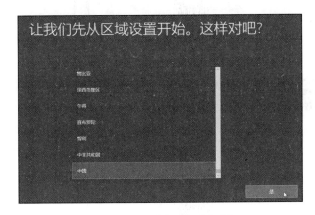

图 5-21　选择区域设置　　　　　　　　图 5-22　选择键盘布局

10）等待系统自动进行一些重要设置，然后选择"针对个人使用进行设置"选项（如果是单位或组织，可选择"针对组织进行设置"选项），如图 5-23 所示。

11）如果没有 Microsoft 个人账户，则单击"创建账户"，如图 5-24 所示，然后按屏幕提示完成账户的创建工作［包括设置个人身份识别码（PIN），如图 5-25 所示］。

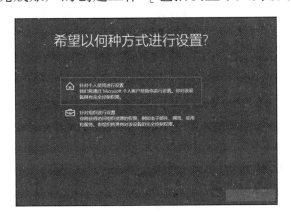

图 5-23　选择"针对个人使用进行设置"选项　　　　图 5-24　创建账户

12）所有设置完成后，最后进入 Windows 10 操作系统桌面，完成 Windows 10 操作系统安装，如图 5-26 所示。

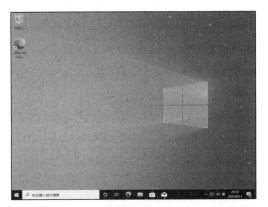

图 5-25　设置 PIN　　　　　　　　图 5-26　Windows 10 操作系统桌面

任务四　安装和新建虚拟机

【任务描述】

有时我们需要在一台计算机上安装双系统、三系统等来实现对不同应用或不同场景的需求，但是这样安装多系统，在某一时刻只能选择其中一个操作系统来使用。如果我们要在一台实体计算机上同时运行多个操作系统，并且多个操作系统之间还要共享文件、应用和网络资源的话，则需要通过安装虚拟机才能实现。

【任务实施】

1. 认识虚拟机

虚拟机（Virtual Machine，VM）是指通过软件模拟的具有完整硬件系统功能的、运行在一个完全隔离环境中的完整计算机系统。在实体计算机中能够完成的工作在虚拟机中都能够实现。在计算机中创建虚拟机时，需要将实体机的部分硬盘和内存容量作为虚拟机的硬盘和内存容量。每个虚拟机都有独立的 CMOS、硬盘和操作系统，可以像使用实体机一样对虚拟机进行操作。常见的虚拟机软件有 Microsoft Virtual PC、VMware Workstation、Oracle VM VirtualBox 等。

虚拟机的特点如下。

1）可以同时在一台计算机上运行多个操作系统，每个操作系统都有自己独立的一个虚拟机，每个虚拟机就好像一台真实的计算机一样。

2）同时运行的两个虚拟机之间可以进行对话，也可以在全屏方式下进行虚拟机之间对话，此时另一个虚拟机在后台运行。

3）在虚拟机上安装同一种操作系统的另一发行版，不需要重新对硬盘进行分区。

4）虚拟机之间可以共享文件、应用和网络资源等。

5）可以在多个虚拟机之间实现 Client/Server（客户机/服务器，简称 C/S）模式的应用。

2. 安装虚拟机软件

下面以 VMware Workstation 为例介绍安装虚拟机软件的方法。

首先从官方网站下载最新版的 VMware Workstation，然后双击 VMware Workstation 的安装文件即可开始安装。需要注意的是，VMware Workstation 软件应该安装在 64 位的操作系统里，否则，无法完成后面任务五的 Deepin 操作系统的安装。安装完成后，双击桌面图标打开软件，软件主界面如图 5-27 所示。

图 5-27 　VMware Workstation 软件主界面

3. 新建虚拟机

1）启动 VMware Workstation，在图 5-27 所示的窗口中，单击"主页"中的第一项"创建新的虚拟机"，打开"新建虚拟机向导"对话框，默认选择"典型"安装。

新建虚拟机

2）接下来选择操作系统的安装来源。选择"安装程序光盘映像文件（ISO）"这种方式，单击"浏览"按钮，选择已经下载的操作系统 ISO 文件（如 Windows 10 操作系统的 ISO 文件、Deepin 的 ISO 文件等，这里以选择 Deepin 官方 ISO 文件为例，文件下载方法见任务五），然后单击"下一步"按钮，如图 5-28 所示。

3）选择将在虚拟机中安装的客户机操作系统的类型和版本。由于 Deepin 操作系统是 64 位的操作系统，所以应该选择 64 位的版本，如图 5-29 所示。

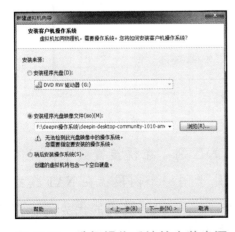

图 5-28 　选择操作系统的安装来源

图 5-29 　选择操作系统的类型和版本

4）命名虚拟机，选择保存位置，然后指定磁盘大小（不能低于 128 GB），并默认选择

"将虚拟磁盘拆分成多个文件",最后确认虚拟机设置,如果没有问题,则单击"完成"按钮。虚拟机设置如图 5-30 所示。

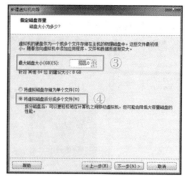

图 5-30　虚拟机设置

5)如果要修改虚拟机的其他硬件设置,可以单击图 5-30 中的"自定义硬件"按钮进行修改。常见的设置修改是设置合适的内存大小和网络适配器的网络连接模式。自定义硬件如图 5-31 所示。

图 5-31　自定义硬件

小提示:桥接模式和网络地址转换(NAT)模式的区别:在桥接模式下,实体机和虚拟机如同连接在同一个普通交换机上的两台计算机,处于同一个网段;在 NAT 模式下,虚拟机借助 NAT 功能,把实体机当作路由器来访问外网。采用 NAT 模式的优势是虚拟机接入互联网非常简单,你不需要进行任何其他的配置,只需要实体机能访问互联网即可。

任务五 ▷ 安装 Deepin 操作系统

 【任务描述】

随着国家"信创"产业的快速发展，各种国产操作系统如雨后春笋般地涌现。通过本任务的学习，我们将掌握国产的 Deepin 操作系统的安装和维护操作。

【任务实施】

1. 下载 Deepin 操作系统和启动盘制作工具

访问 Deepin 操作系统官方网站，下载官方 ISO 文件。如果要在实体机上安装 Deepin 操作系统，则还要下载启动盘制作工具。下载完成后的操作系统 ISO 文件和启动盘制作工具如图 5-32 所示。

创建优麒麟操作
系统启动 U 盘

图 5-32　Deepin 操作系统镜像文件和启动盘制作工具

2. 安装 Deepin 操作系统

1）虚拟机配置完成后，单击"开启此虚拟机"，开始正式安装 Deepin 操作系统，启动虚拟机，如图 5-33 所示。

安装 Deepin 操作系统

图 5-33　启动虚拟机

小提示：如果实体机主板不支持虚拟化技术，就不能进行操作系统的安装。如果实体机 BIOS 中禁用了 IntelVT-X，需要重新开机进入 BIOS 开启 IntelVT-X 才能进行操作系统的安装。

2）选择语言后，设置硬盘分区，选择"全盘安装"后，系统会自动进行分区，然后继续安装。此时开始较长时间的安装过程，如图 5-34 所示。

图 5-34　设置硬盘分区后进入安装过程

3）等待系统安装成功后，单击"立即重启"按钮，如图 5-35 所示。

图 5-35　立即重启

4）在单击"立即重启"按钮后，快速按〈Ctrl〉+〈Alt〉组合键以让实体机捕获鼠标，然后单击"虚拟机"按钮，从下拉菜单中选择"可移动设备"→"CD/DVD（IDE）"→"断开连接"，以断开虚拟 CD/DVD 光驱中 ISO 文件的连接，如图 5-36 所示。

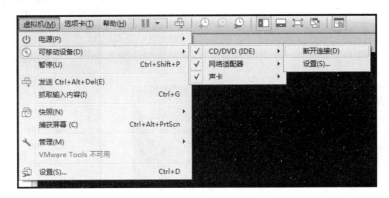

图 5-36　断开虚拟光驱中 ISO 文件的连接

5）系统重启后，会依次进行选择语言、键盘布局、选择时区、创建账户、优化系统配置等各种系统设置，如图 5-37 所示。

图 5-37　进行系统设置

6）根据上一步设置的账号和密码登录操作系统，如图 5-38 所示。然后根据个人的喜好选择普通模式/特效模式、桌面样式及图标主题等。

图 5-38　登录操作系统

7）所有设置完成后，最后进入 Deepin 操作系统桌面，如图 5-39 所示。

8）Deepin 操作系统安装完成后，很多常用软件都已经预装好了，如图 5-40 所示。

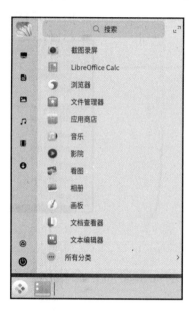

图 5-39　Deepin 操作系统桌面　　　　图 5-40　系统预装的常用软件

Deepin 操作系统支持的软件有很多，可以根据业务需要安装其他更多的应用软件或工具软件（如文档处理工具、即时通信工具、浏览器等），安装方法是单击任务栏中的"应用商店"图标，在打开的"应用商店"窗口中，选择你想安装的软件进行下载安装，如图 5-41 所示。

图 5-41　通过"应用商店"安装更多软件

小提示：由于 Deepin 操作系统是基于 Linux 的桌面操作系统，比较安全，如果某些业务需要系统具有比较高的安全环境，可以在"应用商店"中搜索并下载安装杀毒软件或防火墙软件。

3. 优化与维护 Deepin 操作系统

Deepin 操作系统通过控制中心来管理系统的基本设置，包括账户管理、网络设置、日期和时间设置、个性化设置、显示设置、系统升级等。

单击桌面底部任务栏的"控制中心"图标，启动"控制中心首页"，如图 5-42 所示。通过"控制中心首页"窗口中的各个设置模块，可以方便地进行日常查看和快速设置。

图 5-42　控制中心首页

操作实践：用 U 盘安装优麒麟操作系统

实验目的及要求如下。

1）学会制作优麒麟（预安装环境）启动 U 盘。

2）学会设置计算机 BIOS 启动项。

3）掌握 U 盘安装优麒麟操作系统的步骤。

【拓展阅读】

扫一扫

国产操作系统介绍

【项目小结】

- 认识操作系统。
- 升级安装 Windows 10 操作系统的操作方法。
- 全新安装 Windows 10 操作系统的操作方法。
- 安装和新建虚拟机的操作方法。
- 安装 Deepin 操作系统的步骤。

【思考与练习】

1. 填空题

1）广义的操作系统包括_____系统、_____系统、_____系统等。

2）根据核心代码是否向外开放，操作系统可划分为两类：_____系统和_____系统。

2. 选择题

1）Linux 操作系统由 4 部分组成：（   ）、Shell、文件系统、应用程序。

A. 内核   B. 系统服务   C. 组件   D. 进程

2）启动计算机时，如果没有看到 USB 设备在引导选项中列出，可能需要在 BIOS 设置中暂时禁用（   ）功能。

A. 虚拟化   B. 自动重启   C. 安全引导   D. U 盘启动

3. 简答题

1）你知道目前主流的国产操作系统吗？请谈谈你对信息技术创新的理解。

2）什么是虚拟机？它都有些什么特点？

【项目工单】

在虚拟机中安装 CentOS 操作系统

1. 项目背景

慧明公司有一台闲置未用的服务器，公司领导希望为这台服务器安装 CentOS 操作系统，为后续部署各种网络服务做好准备。

2. 预期目标

CentOS 是免费开源的企业级 Linux 操作系统，项目组带着研究和学习的目的，决定在虚拟机中尝试安装和研究 CentOS 操作系统。具体要求如下。

1）在实体机上安装虚拟机。

2）在虚拟机上安装 CentOS。

3. 项目资讯

1）在安装虚拟机软件之前，首先要做好哪些准备工作？

2）如何获取和安装 CentOS 操作系统？

3）作为服务器的互联网协议（Internet Protocol，IP）地址应该设置为静态 IP 地址还是动态 IP 地址？为什么？

4. 项目计划

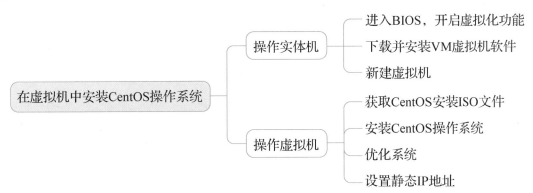

5. 项目实施

1）实施过程。

（1）开机进入实体机 BIOS，开启虚拟化功能。

（2）在实体机上安装 VM 虚拟机软件。

（3）新建虚拟机，并设置网络适配器的网络连接模式为桥接模式。

（4）获取 CentOS 安装 ISO 文件。

（5）在虚拟机上安装 CentOS 操作系统。

（6）优化 CentOS 操作系统，然后设置网卡的 IP 地址为静态 IP 地址，且与真实机在同一网段。

2）实施效果。

在虚拟机中成功安装和运行 CentOS 操作系统。

6. 项目总结

1）过程记录。

序号	内容	思考及解决方法
1	【示例】开机进入计算机实体机 BIOS，开启虚拟化功能 结果：开启成功（或开启失败【失败原因：＊＊；解决办法：＊＊】）	开机进入 BIOS，查找虚拟化功能设置项＊＊
2		
3		
4		
5		
6		

2）工作总结。

7. 项目评价

内容	评分	教师评语
项目资讯（10分）		
项目实施（70分）		
项目总结（10分）		
其他（10分）		
总分		

项目六
接入网络

【学习目标】

认识连网设备。

能组建对等网。

能使用宽带上网。

了解关键信息基础设施安全保护条例。

任务一 认识连网设备

【任务描述】

在日常生活中，网络无处不在。为了能快速连接、使用和维护网络，需要认识网卡、光猫路由器一体机、交换机和网络摄像头等常见的网络设备。

【任务实施】

生活中处处都离不开网络，常用的网络设备包括网卡、用于光纤上网的光猫路由器一体机、连接局域网的交换机及网络摄像头等。

1. 认识网卡

网卡（Network Interface Card，NIC）是网络适配器的通俗叫法，用来实现计算机与计算机、计算机与网络设备或网络设备与网络设备之间的连接，是将计算机、智能终端和网络设备等接入网络的重要设备。

1）网卡的分类。

（1）根据主板是否集成分类。

目前用户经常接触到的网卡主要包括集成网卡和独立网卡两大类。其中集成网卡将网卡芯片直接焊接到主板上，成为主板的一部分，因此与主板具有较好的兼容性。而独立网卡则需要插接到主板的扩展槽中，在灵活性方面更胜一筹。现在市场上销售的新主板一般都集成了网卡芯片，因此用户无须另外选购网卡，如图6-1所示。

（2）根据总线类型分类。

根据网卡所属的总线类型可以将网卡划分为 PCI 网卡、USB 网卡、PCI-Express 网卡等。其中 PCI 网卡是目前应用较为

图 6-1　集成网卡芯片

广泛的网卡类型之一，主板集成的网卡绝大多数都遵循 PCI 总线标准。USB 网卡则遵循支持即插即用功能的 USB 标准，在无线局域网领域应用较为广泛。PCI-Express 接口根据总线位宽不同而有所差异，包括 X1、X4、X8 和 X16 等，它比 PCI 接口具有更快的数据传输速度。较短的 PCI-Express 接口的网卡可以插入到较长的 PCI-Express 插槽中使用。几种常见的网卡如图6-2

所示。

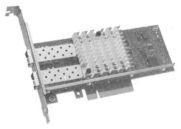

（a）PCI接口网卡　　　　（b）USB接口网卡　　　（c）PCI-Express X8接口网卡

图6-2　几种常见网卡

（3）根据支持的网络带宽分类。

网卡所支持的网络带宽是区分网卡档次的重要标准，按照该标准可以将网卡分为10/100 Mbit/s自适应网卡、10/100/1 000 Mbit/s自适应网卡、1 000 Mbit/s网卡和10 000 Mbit/s网卡等。10/100/1 000 Mbit/s自适应网卡是目前的主流产品。自适应能够自动侦测网络带宽，从而选择合适的带宽以适应网络环境，如图6-3所示。

随着万兆以太网（10 Gigabit Ethernet）技术逐步向桌面化方向发展，10 000 Mbit/s网卡已经出现在实际的应用环境当中。10 000 Mbit/s网卡带宽可以达到10 000Mbits，即10 Gbit/s，从而能够带给用户前所未有的高速体验，如图6-4所示。

图6-3　10/100/1 000 Mbit/s自适应网卡　　　　图6-4　10 000 Mbit/s网卡

2）网卡的基本原理。

发送数据时，网卡首先侦听介质上是否有载波（载波由电压指示），如果有，则认为其他站点正在传送信息，继续侦听介质。一旦通信介质在一定时间段内［称为帧间隙（IFG），其最小值为9.6 μs］是安静的，即没有被其他站点占用，则开始进行帧数据发送，同时继续侦听通信介质，以检测冲突。在发送数据期间，如果检测到冲突，则立即停止该次发送，并向介质发送一个"阻塞"信号，告知其他站点已经发生冲突，从而丢弃那些可能一直在接收的受到损坏的帧数据，并等待一段随机时间［带冲突检测的载波监听多路访问（Carrier Sense Multiple Access with Collision Detection，CSMA/CD）确定等待时间的算法是二进制指数退避算法］。在等待一段随机时间后，再进行新的发送。如果重传多次后（大于16次）仍发生冲突，就放弃发送。

接收时，网卡浏览介质上传输的每个帧，如果其长度小于64字节，则认为是冲突碎片。如果接收到的帧不是冲突碎片且目的地址是本地地址，则对帧进行完整性校验，如果帧长度大于1 518字节［称为超长帧，可能由错误的局域网（Local Area Network，LAN）驱动程序或干扰造成］或未能通过循环冗余校验（Cyclic Redundancy Check，CRC），则认为该帧发生了畸变。通过校验的帧被认为是有效的，网卡将它接收下来进行本地处理。

2. 认识光猫路由器一体机

一般来说，家庭中的基础上网设备包括：光猫、路由器和无线设备等，为用户提供有线宽带网络、无线Wi-Fi及网络电视等功能。随着科技的发展，各网络运营商已经把光猫、路由器和无线功能整合到了一起，形成目前家庭使用最多的光猫路由器一体机。

图6-5　光猫路由器一体机

光猫路由器一体机的作用主要是将光信号调制解调成路由器能理解的电信号（网络信号）进行传输，发送Wi-Fi信号让多台设备可以同时联网，从而形成一个简单的局域网，如图6-5所示。

3. 认识交换机

交换机的英文名称为"Switch"，它是集线器的升级换代产品，从外观上来看，它是带有多个接口的长方形盒状体，如图6-6所示。交换是按照通信两端传输信息的需要，用人工或设备自动完成的方法，把要传输的信息送到符合要求的相应路由上的技术统称。它具有性价比高、高度灵活、相对简单和易于实现等特点，广泛应用于各种不同类型的网络中。

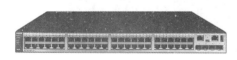

图6-6　交换机

1）交换机的分类。

按照现在复杂的网络构成方式，交换机被划分为接入层交换机、汇聚层交换机和核心层交换机。

按照开放互连系统（Open System Interconnection，OSI）七层网络模型，交换机又可以分为第二层交换机、第三层交换机、第四层交换机等，一直到第七层交换机。基于媒体访问控制（Media Access Control，MAC）地址工作的第二层交换机最为普遍，用于网络接入层和汇聚层。基于IP地址和协议进行交换的第三层交换机普遍应用于网络的核心层，也少量应用于汇聚层。部分第三层交换机也同时具有第四层交换功能，可以根据数据帧的协议端口信息进行目标端口判断。第四层以上的交换机称为内容型交换机，主要用于互联网数据中心。

按照可管理性，又可以将交换机分为可管理型交换机和不可管理型交换机，它们的区别在于对简单网络管理协议（Simple Network Management Protocol，SNMP）、远程监视（Remote Monitoring，RMON）等网络管理协议的支持。可管理型交换机便于网络监控，但成本也相对较高。大中型网络在汇聚层应该选择可管理型交换机，在接入层应视应用需要而定，但在核心层应全部是可管理型交换机。

2）交换机的工作原理。

交换机并不会把收到的每个数据信息都以广播的方式发给客户端，是因为交换机可以根据 MAC 地址智能地转发数据帧。交换机存储的 MAC 地址表将 MAC 地址和交换机的接口编号对应在一起，每当交换机收到客户端发送来的数据帧时，它就会根据 MAC 地址–端口映射表信息判断该如何转发。

4. 认识网络摄像头

网络摄像头英文全称为 Web Camera，是一种结合传统摄像头与网络技术所产生的新一代摄像头，可以在标准的网络浏览器中监视其影像。

网络摄像头除了具备一般传统摄像头所有的图像捕捉功能外，机内还内置了数字化压缩控制器和基于 Web 的操作系统，使得视频数据经压缩加密后，通过局域网、Internet 或无线网络送至终端用户。而终端用户可在计算机上使用标准的网络浏览器，根据网络摄像头的 IP 地址，对网络摄像头进行访问，实时监控目标现场的情况，并可对图像资料实时编辑和存储，同时还可以控制摄像头的云台和镜头，进行全方位地监控，如图 6-7 所示。

图 6-7　网络摄像头

网络摄像头的分类如下。

1）按照工作原理，网络摄像头可分为数字摄像头和模拟摄像头。

数字摄像头是通过双绞线传输压缩的数字视频信号，模拟摄像头是通过同轴电缆传输模拟信号。数字摄像头与模拟摄像头除传输方式有区别外，最主要的区别是清晰度不同，数字摄像头可达到上百万像素的高清效果。

2）按照摄像头外观，网络摄像头可分为枪机、半球、球机等。

枪机多用于户外，对防水防尘等级要求较高；半球多用于室内，一般镜头较小，可视范围广；球机主要用于 360°无死角监控。

3）按照传输方式，网络摄像头可以分为有线连接摄像头和无线连接摄像头。

4）按照摄像头的信号清晰度，网络摄像头又可以划分为标清摄像头和高清摄像头。

任务二 **组建对等网**

【任务描述】

对等网在日常使用中非常普遍。通过本任务的学习，了解组建对等网所需的设备和材料，掌握双绞线的制作方法，掌握设置计算机和传输控制协议/互联网协议（Transmission Control Protocol/Internet Protocol，TCP/IP）的操作方法，熟悉常见网络测试命令的使用技巧等。

【任务实施】

局域网是将一个特定区域的计算机连接成一个可以互相通信的网络，比如学校、公司、家庭、宿舍等的计算机都可以组建成局域网。因此，在某个区域中有两台以上的计算机就可以组建成一个简单的局域网。在局域网中如果彼此连接的计算机之间的地位平等，无主从之分，一台计算机既可作为服务器，又可以作为工作站，一般来说整个网络不依赖专用的集中服务器，这种网络称之为对等局域网（Peer to Peer LAN，简称对等网）。

1. 组建对等网所需的设备和耗材

1）交换机或路由器一台（使用路由器可以实现宽带共享上网功能，现在普通家用光猫路由一体机一般也具有交换机或路由器的功能）。

2）水晶头若干。

3）双绞线若干。

4）压线钳一把。

5）网络连通性测试仪一个。

6）计算机、笔记本电脑或智能终端数台。

> **小提示**：笔记本电脑和智能终端一般都有无线网卡，而大部分台式计算机主板也集成了有线或无线网卡，所以大多数情况下不用单独准备网卡。

2. RJ45 接口的定义、制作及检测

RJ45 接口是我们现在最常见的网络设备接口，它是一种网络接口标准；RJ45 接口连接器俗称"水晶头"，它是双绞线的连接器，为模块式插孔结构。RJ45 接口主要有两种标准，分别

是 EIA/TIA 568A 和 EIA/TIA 568B。在 EIA/TIA 568A 中，与之相连的 8 根线分别定义为白绿、绿、白橙、蓝、白蓝、橙、白棕、棕。在 EIA/TIA 568B 中，与之相连的 8 根线分别定义为白橙、橙、白绿、蓝、白蓝、绿、白棕、棕，如图 6-8 所示。

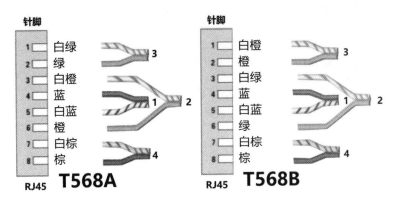

图 6-8　EIA/TIA 568A 和 EIA/TIA 568B 标准

1）RJ45 接口的定义

RJ45 接口 8 根引脚的定义，如表 6-1 所示。

表 6-1　RJ45 接口引脚定义

引脚序号	引脚名称	定义说明
1	TX+	Tranceive Date+（发送数据+）
2	TX−	Tranceive Date−（发送数据−）
3	RX+	Receive Date+（接收数据+）
4	N/C	Not Connected（空脚）
5	N/C	Not Connected（空脚）
6	RX−	Receive Date−（接收数据−）
7	N/C	Not Connected（空脚）
8	N/C	Not Connected（空脚）

2）制作双绞线。

双绞线是目前应用比较广泛的传输介质，根据是否具有屏蔽功能，分为屏蔽双绞线（Shielded Twisted Pair，STP）和非屏蔽双绞线（Unshielded Twisted Pair，UTP）两类，平时使用最多的是超五类非屏蔽双绞线，它由 8 根不同颜色的线分 4 对成螺旋状扭在一起构成，两根相互绝缘的导线以螺旋形状绞合在一起，以减少电磁干扰。

网线的制作

双绞线的制作标准有两种，分别是直通双绞线和交叉双绞线。直通双绞线两端的水晶头使用同一种线序（比如两端都使用 EIA/TIA 568B 标准），交叉双绞线两端的水晶头使用不种线序（比如一端使用 EIA/TIA 568A 标准，另一端使用 EIA/TIA 568B 标准）。不论是直通双绞线还是交叉双绞线，目前的网卡都能自动识别。制作双绞线的步骤如下。

（1）剥线。

用压线钳剪线刀口将线头剪齐，再将双绞线端头伸入剥线刀口，线头长度留 1.4 cm，初学者可将线头留长一些，以备剪齐线头时留出余量，然后适度握紧压线钳同时慢慢旋转双绞线，让刀口划开双绞线的保护胶皮，取出端头从而拨下保护胶皮。

（2）理线。

双绞线由 8 根有色导线两两绞合而成，将其整理平行按橙白、橙、绿白、蓝、蓝白、绿、棕白、棕的颜色线序平行排列，整理完毕用剪线刀口将前端修齐。

（3）插线。

一只手捏住水晶头，将水晶头有弹片一侧向下，另一只手捏平双绞线，稍稍用力将排好序的双绞线平行插入水晶头内的线槽中，8 条导线顶端应插入线槽顶端，线头顶住水晶头的顶端，卡榫压住外保护皮。

（4）压线。

确认所有导线都到位后，将水晶头放入压线钳夹槽中，稍微用力捏压线钳 2~3 下，压紧线头。重复上述操作步骤制作双绞线的另一端即制作完成。

制作双绞线的具体步骤如图 6-9 所示。

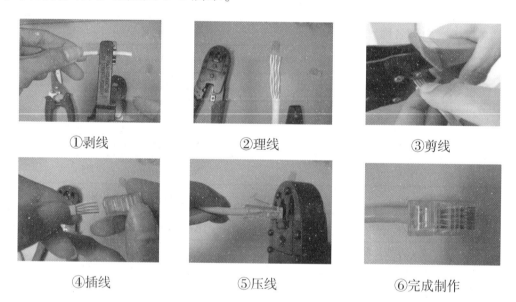

①剥线　　　　　　②理线　　　　　　③剪线

④插线　　　　　　⑤压线　　　　　　⑥完成制作

图 6-9　制作双绞线的具体步骤

3）检测。

（1）检测方法如下。

将网线两端的水晶头分别插入主测试仪和远程测试端的 RJ45 端口，将开关拨到 "ON"（S 为慢速挡），这时主测试仪和远程测试端的指示头就应该逐个闪亮。

①直通连线的测试：测试直通连线时，主测试仪的指示灯应该从 1 到 8 逐个顺序闪亮，而远程测试端的指示灯也应该从 1 到 8 逐个顺序闪亮。如果是这种现象，说明直通线的连通性没问题，否则就得重做。

②交叉连线的测试：测试交叉连线时，主测试仪的指示灯也应该从 1 到 8 逐个顺序闪亮，而远程测试端的指示灯应该是按照 3、6、1、4、5、2、7、8 的顺序逐个闪亮。如果是这样，说明交叉连线连通性没问题，否则就得重做。

③若网线两端的线序不正确，主测试仪的指示灯仍然从 1 到 8 逐个闪亮，只是远程测试端的指示灯将按照与主测试端连通的线号的顺序逐个闪亮。也就是说，远程测试端不能按照①和②的顺序闪亮。

（2）导线断路测试的现象如下。

①当有 1 到 6 根导线断路时，则主测试仪和远程测试端的对应线号的指示灯都不亮，其他的灯仍然可以逐个闪亮。

②当有 7 根或 8 根导线断路时，则主测试仪和远程测试端的指示灯全都不亮。

（3）导线短路测试的现象如下。

①当有两根导线短路时，主测试仪的指示灯仍然按照从 1 到 8 的顺序逐个闪亮，而远程测试端两根短路线所对应的指示灯将被同时点亮，其他的指示灯仍按正常的顺序逐个闪亮。

②当有 3 根或 3 根以上的导线短路时，主测试仪的指示灯仍然从 1 到 8 逐个顺序闪亮，而远程测试端的所有短路线对应的指示灯都不亮。

3. 连接设备

1）两台计算机的对等网的连接方法。

利用一根直通或交叉的双绞线直接将两台计算机连起来，如图 6-10 所示。

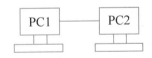

图 6-10　两台计算机的对等网连接方法

2）3 台计算机的对等网的连接方法。

3 台计算机的对等网的一种连接方法是采用双网卡网桥连接方式，就是在其中一台计算机上安装两块网卡，另外两台计算机各安装一块网卡，然后用双绞线连接起来，如图 6-11 所示。

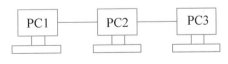

图 6-11　双网卡网桥连接方式

3）多于 3 台计算机的对等网。

使用交换机作为中心设备将各计算机连接起来，组建一个物理和逻辑上都是星形的网络，其拓扑结构如图 6-12 所示。

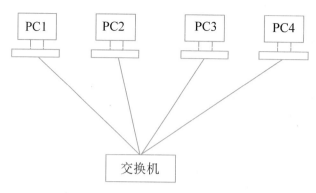

图 6-12　使用交换机组成星形网络

4. 检查网络组件

连接好计算机后，首先我们要检查计算机系统的网络组件是否已经安装完全。在 Windows 10 系统桌面上右键单击"网络"图标，在弹出的快捷菜单中选择"属性"命令，在打开的"网络和共享中心"窗口中，单击"查看活动网络"中的"以太网"（或"Ethernet0""WLAN"等）连接，然后在打开的对话框中，单击"属性"按钮，打开图 6-13 所示的属性对话框。

图 6-13　属性对话框

在图 6-13 所示对话框中，检查以下网络组件是否安装。

1）Microsoft 网络客户端。

2）Microsoft 网络的文件与打印机共享。

3）"Internet 协议版本 4（TCP/IPv4）" 或 "Internet 协议版本 6（TCP/IPv6）"。

5. 设置计算机

1）更改计算机名与工作组名。

在对等网中，为了方便管理多台不同功能和作用的计算机，可以在局域网中创建多个工作组，将不同的计算机按功能分别列入不同的组内，然后同时更改每台计算机的计算机名，方便计算机之间的互访和日常的管理。

更改计算机名与
工作组名视频

（1）右击桌面上的 "此电脑"，然后在弹出的快捷菜单中选择 "属性" 命令，如图 6-14 所示。

（2）打开系统信息界面，在 "计算机名、域和工作组设置" 区域单击 "更改设置"，如图 6-15 所示。

（3）然后在弹出的 "系统属性" 对话框中单击 "更改" 按钮，如图 6-16 所示。

（4）在弹出的 "计算机名/域更改" 对话框中，可以对工作组及计算机名进行更改（一般使用默认的工作组名），更改完成后，单击 "确定" 按钮，然后重新启动计算机即可，如图 6-17 所示。

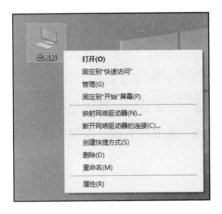

图 6-14　选择 "属性" 选项

图 6-15　"计算机名、域和工作组设置" 区域

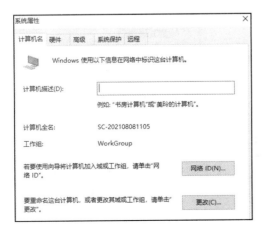

图 6-16　"系统属性" 对话框

图 6-17　"计算机名/域更改" 对话框

2）设置 TCP/IP 属性。

（1）单击桌面右下角的网络图标，然后选择"打开'网络和 Internet'设置"命令，如图 6-18 所示。

（2）在打开的窗口中单击"更改适配器选项"超链接，如图 6-19 所示。

设置 TCP/IP 协议

（3）在打开的"网络连接"窗口中，右击"Ethernet0 2"图标，在弹出的快捷菜单中选择"属性"命令，如图 6-20 所示。

（4）在弹出的"Ethernet0 2 属性"对话框中，双击"Internet 协议版本 4（TCP/IPv4）"选项，如图 6-21 所示。

（5）在弹出的对话框中，根据实际选择"自动获得 IP 地址"或"使用下面的 IP 地址"单选按钮，在这里我们使用图 6-22 所示 IP 地址参数，默认网关填路由器 IP 地址，以太网 IP 地址需要和网关在同一网段。域名系统（Domain Name System，DNS）服务器地址可以选择常用的，如 114.114.114.114（国内移动、电信和联通通用的 DNS 服务器地址），如图 6-22 所示。

图 6-18　选择"'网络和 Internet'设置"命令

图 6-19　单击"更改适配器选项"超链接

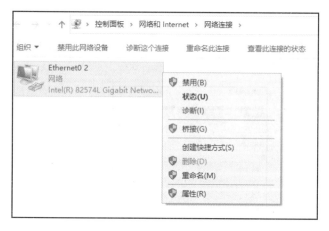

图 6-20　"网络连接"对话框

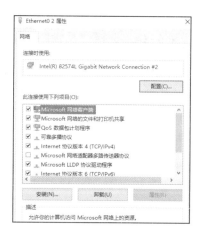

图 6-21　"Internet 协议版本 4（TCP/IPv4）"

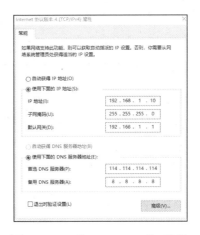

图 6-22 "TCP/IPv4" 参数

6. 常用网络测试命令

一个局域网网络组建完成后，我们可以使用一些 Windows 系统自带的网络命令，对当前的网络状态和连接情况等进行测试，确保网络能正常工作。网络命令的使用需要在系统的"MS-DOS 方式"窗口或命令提示符窗口中完成，其操作方法是，同时按下〈Windows〉键和〈R〉键，调出"运行"对话，在"运行"对话框中输入"cmd"后单击"确定"按钮，会自动打开命令提示符窗口，如图 6-23 所示。

图 6-23 打开命令提示符窗口

1）Ipconfig 命令（显示当前计算机的 TCP/IP 配置参数）。

Ipconfig 命令可用于显示当前的 TCP/IP 配置的设置值。这些信息一般用来检验人工配置的 TCP/IP 设置是否正确。而且，如果计算机和所在的局域网使用了动态主机配置协议（Dynamic Host Configuration Protocol，DHCP），使用 Ipconfig 命令可以了解到计算机是否成功地租用到了一个 IP 地址，如果已经租用到，则可以了解它目前得到的是什么地址，包括 IP 地址、子网掩码和默认网关等网络配置信息。

下面是 Ipconfig 命令最常用的用法。

（1）Ipconfig：当使用不带任何参数选项的 Ipconfig 命令时，显示每个已经配置了的接口的 IP 地址、子网掩码和默认网关值。

（2）Ipconfig/all：当使用 all 选项时，Ipconfig 能为 DNS 服务器和 WINS（Windows 网络名称服务）服务器显示它已配置且所有使用的附加信息，并且能够显示内置于本地网卡中的物理地址。如果 IP 地址是从 DHCP 服务器租用的，Ipconfig 将显示 DHCP 服务器分配的 IP 地址和租用地址预计失效的日期。运行 Ipconfig /all 命令的结果窗口，如图 6-24 所示。

图 6-24　Ipconfig/all 命令

2）Ping 命令（测试网络连通性）。

Ping 命令是通过发送互联网控制报文协议（Internet Control Message Protocol，ICMP）消息回应请求数据包来验证与另一台 TCP/IP 计算机是否连通。应答消息的接收情况将和往返过程的次数一起显示出来。Ping 是用于检测网络连接性、可到达性和名称解析等疑难问题的常用命令。

其命令格式如下：

Ping　［<命令选项>］　<目标 IP 地址或域名>

Ping 命令是常用的网络故障排除工具，Ping 命令执行结束后，会显示统计信息，如图 6-25 所示。

3）Tracert 命令（跟踪网络连接）。

Tracert 命令是一个简单的网络诊断工具，测试某一个 IP 地址都经过哪些路由，以及它在 IP 网络中每一跳的延迟（这里的延迟是指分组从信息源发送到目的地所需的时间，延迟也分为许多的种类——传播延迟、传输延迟、处理延迟、排队延迟）。

Tracert 命令的格式如下：

Tracert　［<命令选项>］　<目标主机的名称或 IP 地址>

其测试结果如图 6-26 所示。

图 6-25　Ping 命令　　　　　　　　图 6-26　Tracert 命令

任务三 使用宽带上网

【任务描述】

在小型公司、宿舍、家庭环境中，主要使用光纤宽带上网方式接入互联网。通过本任务的学习，将掌握光猫路由器一体机、无线路由器和无线摄像头等网络设备的安装和设置操作。

【任务实施】

1. 常见的上网方式

常见的上网方式有如下几种。

- 使用光猫路由器一体机拨号上网。
- 使用网线接入局域网（如学校、公司等）。
- 使用无线网卡接入无线网络。
- 通过专线（通常是光纤）接入 ISP（Internet Service Provider，因特网服务提供商，包括中国电信、中国移动和中国联通等）。

如果是笔记本电脑上网，那么上网方式又可分为如下几种。

- 直接插网线（双绞线）进行非对称数字用户线（Asymmetric Digital Subscriber Line，ADSL）或局域网接入。
- 直接打开无线网络设置进行无线上网。
- 使用手机数据线或手机 Wi-Fi 热点分享上网。

2. 常用网络设备的使用

1）光猫路由器一体机的安装与使用。

一般家庭在安装光纤宽带时，ISP（如中国电信、中国移动、中国联通）都会自带一台用于拨号上网、双频 Wi-Fi、互联网电视（Internet Protocol Television，IPTV）功能于一体的光猫路由器一体机，用于连接家里的宽带电视、台式计算机和手机、平板电脑（移动设备）等的网络。下面我们以中国电信的天翼网关为例，介绍光猫路由器的安装和配置方法。

（1）光猫路由器一体机安装和连接，设备接口如图 6-27 所示。

①将入户光纤接头插入一体机的光纤 G 端口。

图 6-27　天翼网关接口

②用一根制作好的双绞线一端连接一体机的"悦 me"（IPIV）口，另一端连接智能机顶盒的"WAN"口，通过 HDMI 数据线连接液晶电视，实现 IPTV 的连接。

③再用一根制作好的双绞线一端连接一体机的"网口 2"（其中"网口 2"到"网口 4"用于连接有线网络设备，可随意连接任意一个接口），另一端连接台式计算机或笔记本电脑，实现宽带网络连接。

④如果家里有座机电话，可以用一根 RJ11 的电话线一端连接一体机的"电话"口，另一端连接座机电话。

⑤插入 12 V 电源适配器，电源指示灯就会亮起，等待 2~4 分钟后，光猫路由器一体机才会正常工作。

（2）光猫路由器一体机的配置。

①首先查看一体机背面的网络设备标识，了解设备配置 IP、账号和密码等相关信息，如图 6-28 所示。

②修改配置计算机的 IP 地址，配置方法见"设置 TCP/IP 属性"相关内容，将本机 IP 地址和光猫路由器一体机 IP 地址设在同一网段，如图 6-29 所示。

图 6-28　网络设备标识

图 6-29　本机 IP 配置参数

③打开计算机上的浏览器，在浏览器中输入"192.168.1.1"，如图 6-30 所示，在弹出登录界面后，输入账号和密码，进入管理界面首页，如图 6-31 所示。

图 6-30　天翼网关登录界面

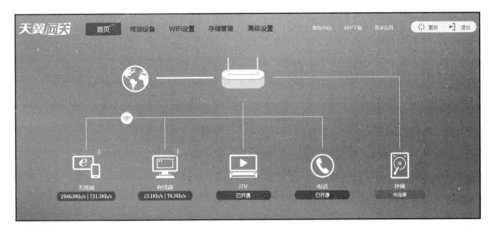

图 6-31　天翼网关管理界面

④在管理界面上单击"高级设置"选项卡进入"高级配置"界面，这里可以查看网关状态、网关信息、局域网设置及修改登录信息等。这里使用默认参数（可根据实际情况进行相应修改），如图 6-32 所示。

⑤单击"WiFi 设置"选项卡，用户可以更改 Wi-Fi 的名称和登录密码，更改 Wi-Fi 密码时尽量设置一个不过于简单又容易记住的密码，如图 6-33 所示。

图 6-32　天翼网关"高级设置"界面

图 6-33　天翼网关"WiFi 设置"界面

⑥用户还可以单击"终端设备"选项卡，查看当前连接的有线和无线终端设备使用情况，对于占用带宽较高的设备可以进行网络限制，还可以将不明终端设备加入黑名单以禁止其使用网络，如图 6-34 所示。

⑦设置完成后，单击右上角的"退出"按钮。

图 6-34　天翼网关"终端设备"界面

2）无线路由器的设置

无线路由器是用于用户上网、带有无线覆盖功能的路由器。无线路由器可以看作是一个转发器，将接入的宽带网络信号通过有线和无线的方式分别提供给不同的网络设备，实现不同上网需求（如有线提供给台式计算机上网使用，无线提供给笔记本电脑、手机和平板电脑等具有无线上网功能的智能设备上网使用）。下面讲解无线路由器连接和配置方式。

（1）无线路由器的安装和连接如图 6-35 所示。

①首先将 ADSL 调制解调器（Modem）的宽带网线插入无线路由器的 WAN 口，然后用一根网线分别连接无线路由器的 LAN 口和配置用计算机的网络口。

②将 9V 电源适配器插入无线路由器电源接口，电源指示灯亮起，等待 2 ~ 3 min 后，无线路由器才会正常工作。接下来就可以对无线路由器进行参数配置。

图 6-35　无线路由器连接示意图

（2）无线路由器的参数配置（这里以 TP-LINK 无线路由器为例）。

①打开浏览器，在地址栏内输入无线路由器提供的 IP 地址（具体查看说明书），如图 6-36 所示，在弹出的登录界面中分别输入管理账号和密码（默认都为 admin），如图 6-37 所示。

图 6-36　TP-LINK 网络标识

图 6-37　无线路由器登录界面

②弹出无线路由器的工作界面，如图 6-38 所示，单击右下角"路由设置"选项，进入无线路由器的"路由设置"界面，如图 6-39 所示。

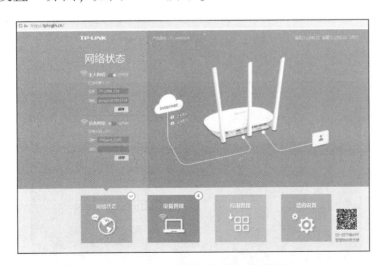

图 6-38　无线路由器工作界面

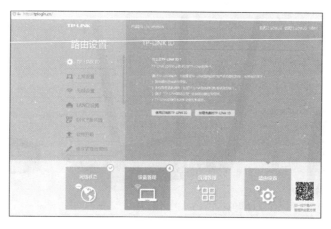

图 6-39   "路由设置"界面

③单击左侧"上网设置"选项卡，右侧显示"WAN 口连接类型"，提供 3 种方式上网方式：宽带拨号上网、固定 IP 地址和自动获得 IP 地址。用户可以根据实际情况选择上网连接的类型，一般选择自动获得 IP 地址进行配置，如图 6-40 所示。

④然后单击左侧"无线设置"选项卡，可以设置无线热点名称、无线密码、无线信道、无线模式和频段带宽，建议用户设置一个符合复杂性要求的无线密码，如图 6-41 所示。

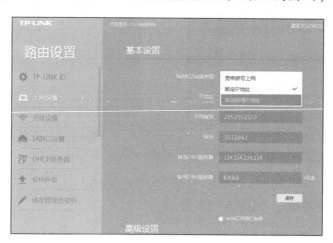

图 6-40   基本上网设置

图 6-41   无线设置

⑤单击"LAN 口设置"选项卡，用户可以对内部局域网的 IP 地址段和子网掩码等内容进行设置，一般使用默认项即可，如图 6-42 所示。

⑥单击"修改管理员密码"选项卡，可以对管理员在登录无线路由器时的密码进行重新设置，如图 6-43 所示。

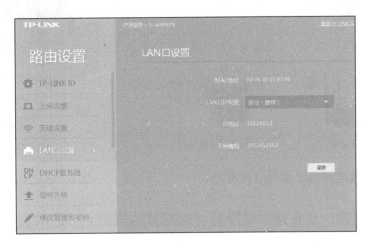

图 6-42　LAN 口设置

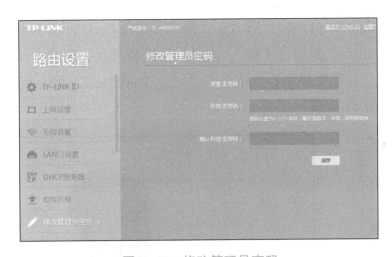

图 6-43　修改管理员密码

最后，用户可以在无线路由器工作界面分别单击"网络状态""设备管理"等查看无线路由器的工作状态以及网络设置连接使用情况等。

3）无线监控摄像头的安装与使用。

无线监控摄像头的优势在于它在技术上实现了零布线，不仅美观而且方便好用，便于移动，用户还可以通过无线技术连接到家庭或店铺的 Wi-Fi 上，从而方便在手机应用程序（App）和计算机客户端上进行实时预览和录像调取，也可以在任何地方远程监控。下面以 TL-IPC42A 为例，介绍一下无线监控摄像头的使用及配置方法，如图 6-44 所示。

（1）配置前请先用手机安装 TP-LINK 安防 App，App 在应用市场下载。

使用和配置无线摄像头

（2）在断电情况下将 Micro SD 卡插入 SD 卡槽中。插入 SD 卡时务必注意：卡的金属片朝向与卡槽引导标识一致，对准卡槽插入，勿强行用力，如图 6-45 所示。

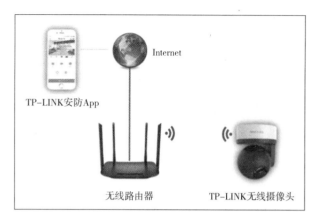

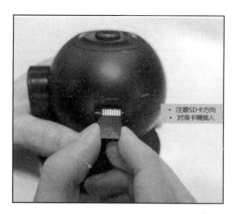

图 6-44　无线监控摄像头网络连接图　　　　图 6-45　SD 卡的插入方法

（3）把无线监控摄像头放在路由器跟前（先配置再安装），使用随包装配置的电源适配器给摄像头供电，此时系统指示灯为红色长亮且转动自检。如果需要无线连接，请勿将网线插入摄像头网口，手机需要连接上路由器的 2.4 GHz 无线信号。

（4）打开手机安装的 TP-LINK 安防 App，输入注册好的 TP-LINK ID 账号和密码。如果没有 TP-LINK ID，请单击"新用户注册"，注册后再重新登录，如图 6-46 所示。

（5）进入 App 后，在预览界面右上角单击"+"，扫描 TL-IPC42A 机身的二维码，添加无线监控摄像头，如图 6-47 所示。

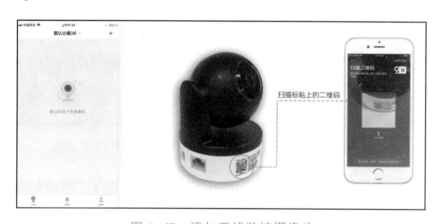

图 6-46　注册账号和密码　　　　　　　图 6-47　添加无线监控摄像头

（6）按照 App 上的提示（见图 6-48）查看摄像头的指示灯是否为红绿交替闪烁，红绿交替闪烁代表摄像头已经准备好，可以进行配置。如果不是，请将摄像头恢复出厂设置。复位方法：使用尖状物按住 SD 卡槽旁边的 Reset 小孔 5 s 左右，即可将摄像头恢复出厂设置。

（7）TP-LINK 安防 App 会自动检测到手机连接的无线信号名称，在密码框中输入无线信号的密码；注意：TL-IPC42A 只支持 2.4 GHz 无线网络，不支持 5 GHz 无线网络，请确保手机连接的是 2.4 GHz 无线信号，如图 6-49 所示。

图 6-48　无线监控摄像头连接情况

图 6-49　连接 Wi-Fi

（8）大约 20 s 后，App 界面显示添加摄像头成功，并自动返回到设备列表界面。如果有 SD 卡格式化提醒，请单击"格式化 SD 卡"，完成后单击设备进入预览界面可以看到实时监控画面，如图 6-50 所示。

（9）待无线监控摄像头配置完成后，将摄像头断电并安装到需要的监控位置，然后对摄像头上电，自动连接无线信号并进行监控录像。最后，用户可以在安装有 TP-LINK 安防 App 的任何设备上查看远程监控画面，从而完成无线监控摄像头安装和配置。

图 6-50　完成配置

操作实践：双绞线的制作

实验目的及要求如下。

1）熟悉双绞线的制作方法并理解和掌握其排序原理。

2）掌握网络布线的基本概念和知识。

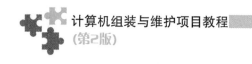

【拓展阅读】

扫一扫

关键信息基础设施
安全保护条例

【项目小结】

- 网卡、光猫路由器一体机、交换机和网络摄像头的类型和基本工作原理。
- 对等网的硬件安装及其结构。
- 宽带上网和常用方法。
- 常用网络设备的使用。

【思考与练习】

1. 填空题

1) 常用的网络设备包括网卡、用于光纤上网的_____、连接局域网的_____以及_____等。

2) 网卡按所支持的传输速率分为10/100 Mbit/s自适应网卡、10/100/1 000 Mbit/s自适应网卡、_____网卡和_____网卡等。

3) 在对等局域网中，为了方便管理多台不同功能和作用的计算机，需要更改计算机的_____和_____。

4) 在中国Internet服务提供商主要包括_____、_____和_____等。

5) 交换机可以工作在OSI参考模型中的_____、_____和第四层。

2. 选择题

1) 网卡的接口有多种，用于星状网络中连接双绞线的称为(   )接口。

A. RJ11   B. RJ45   C. BNC   D. ST

2) 基于IP地址和协议进行交换的(   )交换机普遍应用于网络的核心层，也少量应用于汇聚层。

A. 第一层   B. 第二层   C. 第三层   D. 第四层

3）计算机连入局域网的基本网络设备是（   ）。

A. 网卡   B. 集线器   C. 交换机   D. 路由器

4）用于测试网络连通性的命令是（   ）。

A. Ipconfig   B. Ping   C. Tracert   D. Nslookup

3. 简答题

1）网卡是如何处理数据的？

2）叙述交换机的工作原理。

3）叙述更改计算机名和工作组的方法和步骤。

4）叙述设置 TCP/IP 属性的操作步骤。

5）简述光猫路由器一体机的安装和配置。

【项目工单】

组建办公网络

1. 项目背景

慧明公司办公室现有几台计算机、多个手机和平板电脑需要连网，根据办公室现有环境，学校要求通过有线接入方式把计算机接入网络，通过无线接入方式把手机和平板电脑等移动终端接入网络。办公室还需安装一个无线监控摄像头，实现用手机实时查看监控信息。

2. 预期目标

1）合理规划办公室网络拓扑。

2）会制作 EIA/TIA 568B 标准或 EIA/TIA 568A 标准线序的网线。

3）能设置 TCP/IP 属性，然后用 Ping 命令测试网络连通性。

4）会安装和设置无线路由器。

5）会安装和设置无线监控摄像头。

3. 项目资讯

1）如何绘制和规划网络拓扑结构图？

2）EIA/TIA 568B 标准和 EIA/TIA 568A 标准线序分别是什么？

3）如何设置 IP 地址？如何测试网络的连通性？

_____

_____ ◦

4）如何设置无线路由器才能使网络更安全？

_____

_____ ◦

5）安装无线摄像头要注意些什么？

_____

_____ ◦

4. 项目计划

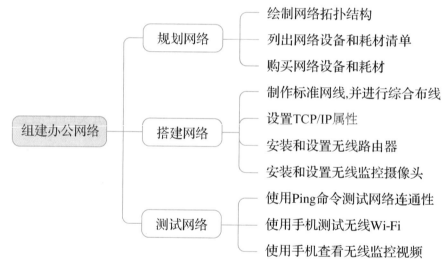

5. 项目实施

1）设备使用申请。

2）实施过程。

（1）绘制网络拓扑结构图。

（2）按需列出网络设备和耗材清单。

（3）制作标准网线。

（4）正确设置 TCP/IP 属性。

（5）安装和设置无线路由器。

（6）安装和设置无线监控摄像头。

（7）测试计算机、手机和无线监控能否正常上网和使用。

3）实施效果。

（1）计算机能正常上网。

（2）手机能正常接入 Wi-Fi 并正常上网。

（3）无线监控能正常工作。

6. 项目总结

1）过程记录。

序号	内容	思考及解决方法
1	【示例】根据规划绘制网络拓扑结构图	绘制拓扑结构前，先规划网络，然后使用纸和笔（或＊＊软件）进行绘制
2		
3		
4		
5		
6		

2）工作总结。

7. 项目评价

内容	评分	教师评语
项目资讯（10分）		
项目实施（70分）		
项目总结（10分）		
其他（10分）		
总分		

项目七
维护计算机系统

【学习目标】

知道计算机系统维护的概念。

能维护保养主机。

能维护保养液晶显示器。

能维护保养键盘、鼠标。

能维护计算机系统。

能维护保养外围设备。

能维护保养智能移动终端。

树立节能环保、安全操作等意识。

维护计算机系统指的是为保证计算机系统能够正常运行而进行的定期检测、维护和优化，主要从硬件和软件方面入手。硬件方面包括计算机主要部件的保养和升级，软件方面包括计算机操作系统的更新和杀毒。计算机已成为不可缺少的工具，而且随着信息技术的发展，计算机在使用中面临越来越多的系统维护和管理问题，如系统硬件故障、软件故障、病毒防范、系统升级等。如果不能及时有效地处理好这些问题，将会给工作和生活带来影响。下面将对计算机主要部件的保养和维护加以介绍。

任务一 维护保养主机

【任务描述】

计算机主机箱（包括其内部设备）是一台计算机最主要的部分。通过本任务的学习，我们将掌握维护保养主机的相关知识。

【任务实施】

图 7-1 所示为主机，主要的维护方法如下。

1）经常开机，计算机不能长时间不用，特别是在潮湿的季节，为了避免主机因受潮而造成短路，应当隔一段时间就开一次机，经常用的计算机反而不容易坏。但如果家居周围没有避雷针，在打雷时不要开计算机，并且将所有的插头都拔下（包括网线）。

2）夏天时注意散热，避免在没有空调的房间里长时间用计算机，运行过热会导致运行速度过慢而死机。冬天注意防冻，计算机过冷会导致开不了机。不用计算机时，要用透气而遮盖性又强的软布将显示器、机箱、键盘盖起来，从而很好地防止灰尘进入计算机。

3）尽量不要频繁开关机，暂时不用时，可使用计算机的屏幕保护或休眠功能。计算机在使用时不要搬动机箱，不要让计算机受到震动，也不要在开机状态下带电拔插硬件设备（USB等支持热插拔的设备除外）。

4）使用带过载保护和 3 个插脚的电源插座能有效地减少静电，若手能感应到静电，用一根漆包线，一头缠绕在机箱后面板上（如风扇出风口），另一头最好缠绕在自来水管上，如无法找到自来水管，可就近找其他替代物品，只要是金属物体且能同大地（土壤）接触的就行。

5）养成良好的操作习惯，尽量减少装、卸软件的次数。

6）遵循严格的开关机顺序，应先开外设，如显示器、音箱、打印机、扫描仪等，最后再开机箱电源。反之关机应先关闭机箱电源（目前大多数计算机的系统都是能自动关闭机箱电源的）。

7）计算机周围不要放置水或其他流质的东西，以免将液体洒落到计算机设备上。不要在机箱上放很多东西，特别是机箱后面放太多东西会影响计算机散热。

图7-1　主机

8）应该整理并捆扎好机箱后面的各种线缆，这样既美观大方又方便日后清洁整理。

9）每过半年，对计算机进行一次大扫除，彻底清除内部的污垢和灰尘，尤其是主机箱，但如果对硬件不是很熟悉，建议请专业的计算机维护人员进行处理。

10）养成劳逸结合的习惯，不要过度使用计算机。过度使用计算机将会缩短计算机的使用寿命，对使用者的身体伤害则更大。

任务二　维护保养液晶显示器

【任务描述】

液晶显示器是计算机最重要的输出设备之一。通过本任务的学习，我们将掌握维护保养液晶显示器的相关知识。

【任务实施】

图7-2所示为液晶显示器，主要的维护方法如下。

1）将显示屏的亮度调到相对较低的水平，以眼睛舒适为佳。

2）不使用计算机时尽量关闭显示器电源开关，这样在节约用电的同时，避免显示器元器件过快老化。

3）保持环境的温度、湿度。不要让任何潮湿的东西进入显示器，如果显示器已受潮，必须尽快断开电源，将显示器放置到比较温暖干燥的地方，以便水分及时蒸发，然后才可以打开电源。对潮湿的显示器加电，极易导致液晶电极腐蚀，进而造成不可逆转的永久性损坏。

图7-2　液晶显示器

4）避免不必要的震动。显示器可以说是公认的最敏感的外设，它含有相当比例的敏感玻璃电气元件，屏幕十分脆弱，要尽量避免强烈的冲击和震动，以防显示器屏幕受损。特别注意不要在屏幕上指指点点，以免造成屏幕出现坏点或颜色不自然等现象。

5）使用推荐的显示分辨率。液晶显示器的显示原理与阴极射线管显示器不同，工作在最佳分辨率下的液晶显示器会把显卡输出的模拟显示信号转化成带具体地址信息的显示信号，然后送入液晶板，直接将显示信号加到相对应像素的驱动管上。对这样点对点输出的情况，使用显示器推荐的最佳分辨率无疑是相当重要的。

6）不轻易拆卸显示器。在质保期内未经许可的维修和变更都是不允许的，如有故障，可以拨打售后服务电话进行报修。

7）正确清除液晶显示器表面的污垢。如果发现液晶显示器表面有污垢，可以使用柔软、非纤维材料（比如脱脂棉、镜头纸或眼镜布等）蘸水清理；如果无法达到清理效果，可考虑购买液晶专用清洁产品来清理。特别注意的是，切忌选用含有氨、酒精及无机盐类成分的清洁液清理。

任务三 ▶ 维护保养键盘、鼠标

【任务描述】

键盘、鼠标是计算机最常用的输入设备。通过本任务的学习，我们将掌握维护保养键盘、鼠标的相关知识。

【任务实施】

使用计算机的人都希望拥有一个方便舒适的键盘和一个灵活顺手的鼠标，如图7-3所示。这样，他们在使用计算机工作和学习时能更加得心应手。对键盘和鼠标的日常维护和保养有助于提高其灵活性和舒适度。

1. 维护保养键盘

键盘是人机交互使用频繁的一种外部设备，它的正确使用和维护对计算机的正常工作和避免键盘故障是十

图7-3　键盘和鼠标

分重要的，一般来说在键盘的使用和维护上，应该注意以下一些问题。

1）注意保持键盘的清洁。过多的尘土会影响键盘的正常使用，有时甚至造成误操作。碎

屑或水渍落入键的缝隙中，会使键被卡住，严重时造成短路等故障。键盘的维护主要就是定期清洁表面的污垢，一般清洁时可以用柔软干净的湿布擦拭键盘，对于顽固的污渍可以用中性的清洁剂或者少量洗衣粉去除，最后还要用湿布再擦洗一次。对于缝隙内的污垢可以用棉签清洁，所有的清洁工作都不要用医用消毒酒精，以免对塑料部件产生不良影响。清洁过程请在关机状态下进行，所使用的湿布不宜过湿，以免水滴进入键盘内部。对于电容键盘，很多时候是电容极间不洁净导致故障，如果某些键位出现反应迟钝的现象，则需要打开键盘，进行内部除尘处理。对于机械键盘，有些按键故障，可能是键帽下弹性部件的问题，在没有备件的情况下可以用一些不太常用的按键替换一下。

2）切忌将液体洒到键盘上。因为大多数键盘没有防溅装置，一旦有液体流进，则会使键盘受到损害，造成接触不良、腐蚀电路和短路等故障。如果有大量液体意外进入键盘，应当尽快关机，将键盘接口拔下，在清洁完键盘表面后，打开键盘用干净吸水的软布擦干内部积水，最后在通风处自然晾干即可。在未确定键盘内部是否完全干透前，不要急于试机，以免短路造成主机接口损坏。

3）操作键盘时，切勿用力过大，以防按键的机械部件受损而失效。更换键盘时，必须在切断计算机电源的情况下进行，有的键盘壳含有塑料倒钩，拆卸时要格外留神。

2. 维护保养鼠标

比起计算机的其他硬件设备，鼠标的价格确实是比较便宜，所以一旦出了问题，大部分人可能会再买一个。其实鼠标的维护并不难，只要在使用时能够加以注意就好。

使用光电式鼠标（见图7-4）时，要特别注意保持感光板的清洁和感光状态的良好，避免污垢附着在发光二极管或光敏三极管上，影响光线的接收。如果内部进入一些灰尘，千万不要用有机清洁剂进行擦拭，可以找一个皮鼓对着鼠标底部的光学透镜吹气，这样可以清除大部分灰尘，鼠标就可以正常使用了。

图7-4　光电式鼠标

对于鼠标而言，选择一款合适的鼠标垫是十分有必要的。尤其是光电式鼠标，对鼠标垫有比较高的要求，一定不要使用反光强烈的材料，那样会造成鼠标失控。

另外，现在无线鼠标、无线键盘渐渐多了起来，它们内部都要安装电池，因此如果长时间不使用键盘和鼠标，应该及时取出电池，以免电池漏液对硬件造成伤害。

任务四 维护计算机系统

【任务描述】

在计算机使用过程中，硬件系统和软件系统都要及时维护，否则计算机的性能会逐渐下降，甚至损坏。通过本任务的学习，我们将掌握维护的准备工作、台式计算机维护和笔记本电脑维护等相关知识。

【任务实施】

1. 准备工作

1）软件检修的准备。

（1）备份资料。如果只是处理部分磁盘分区，可将需要的内容备份到另外的分区中。如果需要对整个磁盘进行处理，则应将需要备份的内容复制到移动硬盘、其他磁盘或云盘中。

（2）记录原系统的工作状态。仔细查看原系统的安装位置，记录好原系统的网络设置信息，特别是 IP 地址和网关。另外，其他软件的登录信息也要记录下来。

（3）记录好用户登录名和用户密码。

（4）检查原系统的驱动。可使用"驱动大师""硬件精灵"等软件，查看和备份当前硬件的驱动程序，并准备好需要升级的新驱动程序。

2）硬件检修的准备。

（1）牢记原机的连接位置和连接方式。打开机箱后，先仔细观察主机内部的部件连接方式，特别是品牌机，有一些附件的安装位置必须记住以便最后还原安装。对结构复杂，不易记牢的地方，可以采用拍照或录像的方式进行留底。

（2）准备好工具。常用的有各种规格的螺丝刀、钳子、镊子、剪刀、橡皮擦、毛刷、棉球、吸尘器/吹尘器、无水酒精、专用清洗剂、操作系统、应用软件和工具软件等。

> **小提示**：处理设备故障的基本原则有先假后真、先外后内、先软后硬等。

3）其他。

在维修过程中，应该根据故障现象和解决方法认真做好维修记录，不断积累维修经验。静电对计算机芯片伤害很大，在进行故障排除之前，可以通过触摸自来水管来释放身上的静

电。如果有条件，可以戴上防静电手套或者防静电手环等。

2. 维护台式计算机

1）软件维护。

（1）对驱动器（硬盘）进行优化

目前常见的硬盘有两种类型，一种是机械硬盘，另一种是固态硬盘。

机械硬盘使用一段时间后，会在磁盘上造成很多断断续续的扇区，非连续性的文件便会越来越多，当对文件进行操作时，系统需要花费更多时间读取数据，这就导致磁盘速度减慢，最终造成计算机运行速度越来越慢。因此，我们应该定期对机械硬盘进行磁盘碎片整理，将所有非连续性的文件重新编排整齐，从而提高磁盘性能，延长使用寿命，也让计算机的运行速度变得更快。

对驱动器（硬盘）
进行优化

固态硬盘是不存在磁盘碎片的。磁盘碎片整理这个功能在 Windows 10 以前的操作系统上主要针对机械硬盘的，如果用来整理固态硬盘，不仅速度变慢，还会严重的影响固态硬盘的性能和使用寿命。Windows 10 操作系统可以实现对固态硬盘进行优化操作。

对硬盘进行碎片整理或优化的操作方法如下。

①首先双击 Windows 10 操作系统桌面上的"此电脑"图标，在打开的窗口中选择任何一个驱动器（如 C 盘），在窗口顶部会多出一个"管理–驱动器工具"选项卡，如图 7-5 所示。

图 7-5 "管理–驱动器工具"选项卡

②单击"管理–驱动器工具"选项卡中的"优化"按钮，打开"优化驱动器"对话框，Windows 10 系统会自动识别硬盘类型是机械硬盘还是固态硬盘，如图 7-6 和图 7-7 所示。

图 7-6 "优化驱动器"对话框（机械硬盘）   图 7-7 "优化驱动器"对话框（固态硬盘）

③选择需要优化的驱动器，单击"优化"按钮，Windows 10 操作系统会自动根据磁盘类型选择适合的磁盘优化方案对当前驱动器进行优化。

> **小提示：** 在任何一个驱动器（如 C 盘）上单击鼠标右键，然后选择"属性"命令，在打开对话框的"工具"选项卡中，也可以实现对驱动器的优化操作。

（2）使用杀毒软件对系统进行杀毒。

（3）使用第三方系统优化软件对计算机进行系统优化和清理。计算机使用一段时间后，可以使用系统优化软件（如 360 安全卫士、腾讯电脑管家等）对计算机进行一次全面体检和优化，从而达到以下目的：①提前发现隐患故障，及时处理及修复，使计算机运行更加稳定；②优化计算机运行环境，使计算机始终处于最佳状态；③保证计算机各部件能正常运行，延长硬件的使用寿命。

装机模拟器之
查杀病毒

以 360 安全卫士为例，通过它可以进行木马查杀、计算机清理、系统修复、优化加速等操作，如图 7-8 所示。

图 7-8 利用第三方软件进行系统优化和清理

2）硬件维护。

（1）关机并拔下所有电源，再拔掉外设连接线。

（2）清洁主机机箱外壳，以及键盘、鼠标、显示器等外部设备。

（3）打开主机机箱，戴上口罩，到僻静处使用吹风机对着机箱内部吹一吹，以吹去大部分积尘，如图 7-9 所示。

图 7-9　吹去机箱内的积尘

（4）对 CPU 散热风扇、电源风扇、机箱风扇等积尘较多的部件，需要拆卸清理，如图 7-10 所示。

图 7-10　清理部件上的积尘

（5）显卡和内存等有"金手指"的部件，由于使用时间过长，"金手指"上通常会有灰尘或氧化层，从而导致接触不良。可以先取下该设备，然后用橡皮擦来回擦拭"金手指"，再将其重新插入原插槽，如图 7-11 所示。

图 7-11　清理"金手指"上的氧化层

（6）清理完成后，先安装好已拆卸部件，再连接好机箱内、外各种连接线和外部设备，最后接通主机电源，测试计算机能否正常启动。

3. 维护笔记本电脑

1）恢复系统。

由于笔记本电脑系统使用一段时间后，系统变得特别臃肿，运行速度也会变慢，比较好的解决方法是恢复系统，下面以恢复 Windows 10 系统为例。

（1）首先单击 Windows 10 操作系统桌面左下角的"开始"菜单按钮⊞，选择"设置"，然后选择"更新和安全"，如图 7-12 所示。

图 7-12 选择"更新和安全"

（2）在窗口左侧选择"恢复"后，单击右侧的"开始"按钮，启动系统恢复，如图 7-13 所示。

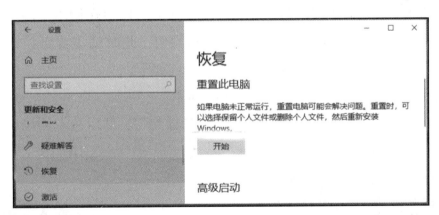

图 7-13 启动系统恢复

（3）接下来的几步操作，需要根据实际情况进行相应选择（其间，有可能提示需要提供 Windows 10 操作系统的安装文件），最后单击"初始化"按钮，进入系统恢复过程。整个过程可能要持续很长一段时间，在保证笔记本电脑接上外接电源的情况下耐心等待，直到完成恢复。

2）硬件维护。

（1）清洁液晶显示屏。

液晶显示屏表面有污迹，可用沾有少许无水酒精或专用清洗剂的软布轻轻地擦试屏幕，不要将液体直接喷洒到液晶显示屏表面上，以免水滴渗入屏内导致屏幕短路。

（2）清理键盘。

清理键盘时，可用柔软干净的湿布来擦拭，按键缝隙间的污渍可用棉签清洁，不要用医用消毒酒精，以免对塑料部件产生不良影响。清理键盘一定要在关机状态下进行，湿布不宜过湿，以免键盘内部进水发生短路。

任务五 维护保养外围设备

【任务描述】

计算机的外围设备常见的有打印机和投影仪等，需要定期进行维护和保养。

【任务实施】

鼓粉一体式打印机更换硒鼓

1. 维护打印机

1）更换硒鼓

日常办公打印中，使用得最多的是激光打印机。激光打印机在使用一段时间后，由于碳粉逐渐消耗完导致打印颜色变浅或不均匀，此时就需要更换硒鼓。以惠普激光打印机为例，更换硒鼓的参考操作步骤如下。

鼓粉分离式打印机更换粉盒

（1）打开打印机顶盖并拿出硒鼓，如图7-14所示。

（2）拿出新的硒鼓，左右摇动，把硒鼓里的碳粉摇均匀，然后从左侧拉出封条，如图7-15所示。

图7-14 打开打印机顶盖并拿出硒鼓

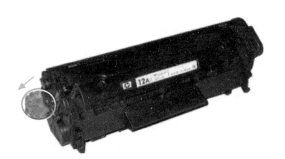
图7-15 左右摇动并拉出封条

（3）取下硒鼓的保护盖板，标签朝内，把硒鼓放入打印机内，如图7-16所示。

（4）合上打印机顶盖，进行打印测试，如图 7-17 所示。

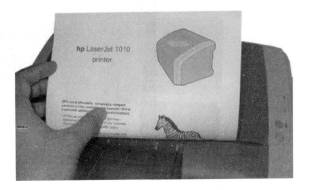

图 7-16　把硒鼓放入打印机　　　　图 7-17　打印测试

2）排除打印故障

打印机常见故障及维护办法见表 7-1。

表 7-1　打印机常见故障及维护办法

序号	故障现象	可能原因	解决办法
1	打印颜色变浅或不均匀	硒鼓老化	更换硒鼓
2	手触摸打印字迹时会脱落	打印纸太厚	更换成薄纸
		定影部分有故障	送修
3	打印出空心字	纸太硬或表面太光滑	更换纸张
		纸潮湿	更换纸张
4	有底灰	感光鼓老化	更换感光鼓
		充电辊脏或损坏	清洁或更换
5	有黑斑	打印机仓内有散粉	清洁机仓，或多打印几页自动恢复正常
		感光鼓划伤	更换感光鼓
6	无线网络打印机工作异常	无线信号异常	将打印机移动到无线信号覆盖范围内，或将计算机与打印机放置在同一网络环境中
		无线设置不正确	重新设置无线功能并重启打印机
		设备硬件故障	断电重启、报修或更换设备

2. 维护投影仪

1）设置投影仪

为了让投影效果更好，应根据实际情况进行设置和维护，参考操作步骤如下。

（1）调整投影仪高低。投影仪的调整支脚在投影仪的下方，根据投影位置的要求适当调整各个支脚的高低，如图 7-18 所示。

（2）自动调整图像质量。按投影仪或者遥控器上的"AUTO"按键，可以自动调整投影图

图 7-18　调整投影仪高低

像质量, 如图 7-19 所示。

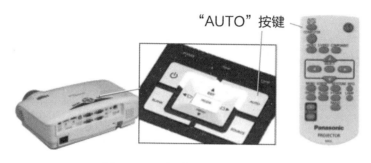

图 7-19　自动调整图像质量

（3）手动调整图像清晰度和大小。使用投影仪上的聚焦环可以调整图像清晰度, 变焦环可以对投影图像整体大小进行微调, 如图 7-20 所示。

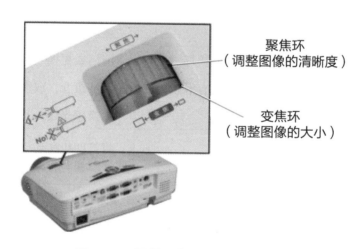

图 7-20　调整图像的清晰度和大小

2）常见故障处理

投影仪常见故障及维护办法见表 7-2。

表 7-2　投影仪常见故障及维护办法

序号	故障现象	解决办法
1	灯泡故障	直接更换灯泡

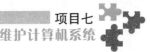

续表

序号	故障现象	解决办法
2	电源故障	如果主电源没有供电,可检查电源的保险有无问题,若没有问题,可能是电源供应器损坏,联系厂商维修
3	图像偏色	先检查 VGA/HDMI 线缆是否插好或/HDMI 接头的针是否弯曲或损坏,再检查光学系统是否问题,有问题联系厂商维修
4	无信号输出	先检查连接线缆是否正确,然后检查投影仪信号选择是否与信号源一致,若仍然无信号输出,再检查计算机是否正常向投影仪输出了信号,或检查计算机与无线投影仪是否在同一 WiFi 范围内

任务六 ▶ 维护保养智能移动终端

【任务描述】

常见的智能移动终端有平板电脑、手机等。这些智能移动终端用了一段时间后,系统臃肿不堪,垃圾文件多,运行速度很慢,需要进行日常维护和管理。

【任务实施】

1. 维护保养平板电脑

平板电脑(如图 7-21)可以用于移动办公、浏览网页、看视频和听音乐等,用途不同,性能要求就不一样,价差也比较大。平板电脑的一个比较常见的用途就是用来拍照或摄像,分辨率的高低将直接影响拍摄照片和录制视频的效果。

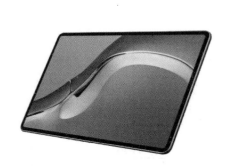

图 7-21　平板电脑

平板电脑的日常维护保养需要注意以下事项。

1）清洁屏幕。

触摸屏是平板电脑最主要的工作区域，也是最重要的部件。用手触摸屏幕可能会在上面留下油渍，尖锐的物品划过屏幕会留下基本不能消除的划痕，可以在清洁屏幕以后再在表面粘贴保护膜来保护屏幕。如果要清洁屏幕，应先将少量镜头清洁剂喷洒在软布上，再用软布轻轻擦拭屏幕。在清洁触摸屏前，应确保平板电脑已关闭，同时要避免直接将清洁剂喷洒在屏幕上。

2）防止摔坏。

平板电脑最重要的部件就是触摸屏。因为意外跌落、碰撞导致触摸屏破裂的情况占平板电脑故障的绝大部分，更换一个触摸屏的费用大约是平板电脑价格的 1/3 到 1/2。

3）注意使用环境。

平板电脑内部的电子元件怕受潮、进水，同时还要远离灰尘，并放置在干燥处。另外，大多数的平板电脑的设计是在 0~40℃ 的温度环境下运行的，切勿将平板电脑暴露在直射的阳光下或放在温度很高的地方使用。

2. 维护保养手机

1）使用手机"设置"功能。

打开手机"设置"功能，对手机进行无线和网络、桌面和壁纸、显示、声音、安全和隐私、备份和恢复数据、恢复出厂设置等相关设置或操作，如图 7-22 所示。

图 7-22　对手机进行各种设置操作

2）使用第三方工具软件

打开手机应用商店或应用市场，搜索下载并安装系统优化和管理软件，大部分手机厂家都预装了系统优化和管理软件，可以直接使用。定期或不定期地对手机进行杀毒、体检、加速、骚扰短信/电话拦截、保护个人隐私、软件管理、文件管理、电池节电和系统检测等维护操作。

【拓展阅读】

扫一扫

工控机的维护与保养

【项目小结】

- 主机的维护保养。
- 液晶显示器的维护保养。
- 多媒体音箱的维护保养。
- 键盘、鼠标的维护保养。
- 台式计算机和笔记本电脑的维护保养。

【思考与练习】

1）平时使用计算机主机时，应注意哪些方面的维护保养？

2）简述台式计算机和笔记本电脑维护保养事项。

3）在对计算机进行维护前应做好哪些准备工作？

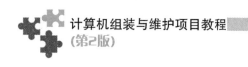

【项目工单】

办公室信息技术设备日常维护

1. 项目背景

慧明公司办公室现有计算机 8 台，激光打印机 1 台。项目组需要对办公室的计算机和打印机进行日常维护，使计算机和打印机更加安全地高效运行。

2. 预期目标

公司设备运维中心希望能对办公室的计算机和打印机进行日常维护，要求如下。

（1）清理和优化计算机。

（2）设置计算机的安全登录密码。

（3）清洁显示器、鼠标、键盘等外部设备。

（4）维护激光打印机。

3. 项目资讯

1）清理和优化计算机系统有哪些方法？

                                                                                                                                。

2）计算机登录密码如何设置才能使计算机里的软件和数据资源更安全？

                                                                                                                                。

3）清洁外部设备有哪些注意事项？

                                                                                                                                。

4）如何判断激光打印机常见故障？

                                                                                                                                。

4. 项目计划

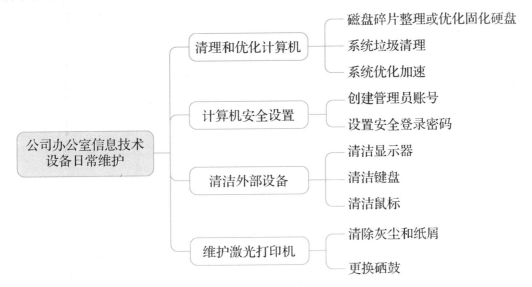

5. 项目实施

1）设备使用申请。

2）实施过程。

（1）使用软件清理和优化 8 台计算机。

（2）给所有计算机设置符合密码复杂性要求的登录密码（即密码长度至少 8 位，且至少包含字母、数字和特殊字符等）。

（3）对所有显示器、鼠标和键盘等外部设备进行清洁维护。

（4）维护激光打印机，包括清除灰尘和纸屑、更换硒鼓等。

3）实施效果。

（1）计算机运行性能提升。

（2）密码安全性高。

（3）外设外观清洁程度高。

（4）打印机打印效果良好。

6. 项目总结

1）过程记录。

序号	内容	思考及解决方法
1	【示例】清理计算机中的垃圾文件，清理后，计算机运行效率＊＊	可以使用系统自带的＊＊进行清理，也可使用＊＊第三软件进行清理
2		
3		

序号	内容	思考及解决方法
4		
5		
6		

2）工作总结。

7. 项目评价

内容	评分	教师评语
项目资讯（10分）		
项目实施（70分）		
项目总结（10分）		
其他（10分）		
总分		

项目八
检测和分析
计算机常见故障

【学习目标】

了解计算机故障常见的检测方法。

能解析典型故障案例。

树立仔细观察现象、认真分析故障的意识。

任务一 ▶ 了解计算机故障常见的检测方法

【任务描述】

在检测计算机故障时，采用正确的检测方法有利于快速定位和排除故障，达到事半功倍的效果。通过本任务的学习，我们将了解计算机故障常见的检测方法。

【任务实施】

1）清洁法。对于机房使用环境较差，或使用较长时间的计算机，应首先进行清洁。可用毛刷轻轻刷去主板、外设上的灰尘，如果灰尘已清扫掉，或无灰尘，就进行下一步检查。另外，由于板卡上一些插卡或芯片采用插脚形式，灰尘或震动都会造成板卡引脚氧化或接触不良。可用橡皮擦擦去表面氧化层，重新插接好后开机检查故障是否排除。

2）直接观察法，即"看、听、闻、摸"。"看"即观察系统板卡的插头、插座是否歪斜，电阻、电容引脚是否相碰，表面是否烧焦，芯片表面是否开裂，主板上的铜箔是否烧断。还要查看是否有异物掉进主板的元器件之间（造成短路），也可以看看主板上是否有烧焦变色的地方，印制电路板上的走线（铜箔）是否断裂等。"听"即监听电源风扇、软盘或硬盘电机或寻道机构、显示器变压器等设备的工作声音是否正常。另外，系统发生短路故障时常常伴随着异常声响。监听可以及时发现一些事故隐患和在事故发生时及时采取措施。"闻"即辨闻主机、板卡中是否有烧焦的气味，便于发现故障和确定短路所在位置。"摸"即用手按压管座的活动芯片，看芯片是否松动或接触不良。另外，在系统运行时用手触摸或贴近 CPU、显示器、硬盘等设备的外壳，根据其温度可以判断设备运行是否正常。用手触摸一些芯片的表面，如果发烫，则为该芯片损坏。

3）拔插法。计算机系统产生故障的原因很多，主板自身故障、I/O 总线故障、各种插卡故障均可导致系统运行不正常。采用拔插维修法是确定故障在主板或 I/O 设备的简捷方法。该方法就是关机将插件板逐块拔出，每拔出一块板就开机观察机器运行状态，一旦拔出某块后主板运行正常，那么故障原因就是该插件板故障或相应 I/O 总线插槽及负载电路故障。若拔出所有插件板后系统启动仍不正常，则故障很可能就在主板上。拔插法的另一作用是一些芯片、板卡与插槽接触不良，将这些芯片、板卡拔出后再重新正确插入可以解决因安装接触不当引起的计算机部件故障。

4）交换法。将同型号、总线方式一致、功能相同的插件板或同型号芯片相互交换，根据故障现象的变化情况判断故障所在。此法多用于易拔插的维修环境，例如内存自检出错，可交换相同的内存芯片或内存条来判断故障部位。无故障芯片之间进行交换，故障现象依旧；若交换后故障现象变化，则说明交换的芯片中必然有一块是坏的，可进一步通过逐块交换来确定具体部位。如果能找到相同型号的计算机部件或外设，使用交换法可以快速判定是否是部件或外设本身的质量问题。交换法也可以用于以下情况：没有相同型号的计算机部件或外设，但有相同类型的计算机主机，则可以把计算机部件或外设插接到该同型号的主机上判断其是否正常。

5）比较法。运行两台或多台相同或相类似的计算机，根据正常计算机与故障计算机在执行相同操作时的不同表现可以初步判断故障产生的部位。

6）振动敲击法。用手指轻轻敲击机箱外壳，有可能解决因接触不良或虚焊造成的故障问题。然后可进一步检查故障点的位置排除之。

7）升温降温法。人为升高计算机运行环境的温度，可以检验计算机各部件（尤其是CPU）的耐高温情况，因而及早发现事故隐患。人为降低计算机运行环境的温度，如果计算机的故障出现率大为减少，说明故障出在高温或不能耐高温的部件中，此举可以帮助缩小故障诊断范围。事实上，升温降温法采用的是故障促发原理，通过制造故障出现的条件来促使故障频繁出现以观察和判断故障所在的位置。

8）程序测试法。随着各种集成电路的广泛应用，焊接工艺越来越复杂，同时，因为硬件技术资料较缺乏，硬件维修手段往往很难找出故障所在。而通过随机诊断程序、专用维修诊断卡及根据各种技术参数（如接口地址），自编专用诊断程序来辅助硬件维修则可达到事半功倍之效。程序测试法的原理就是用软件发送数据、命令，通过读线路状态及某个芯片（如寄存器）状态来识别故障部位。此法往往用于检测各种接口电路故障及具有地址参数的各种电路。但此法应用的前提是CPU及总线基本运行正常，能够运行有关诊断软件，能够运行安装于I/O总线插槽上的诊断卡等。编写的诊断程序要严格、全面、有针对性，能够让某些关键部位出现有规律的信号，能够对偶发故障进行反复测试及能显示记录出错情况。软件诊断法要求具备熟练的编程技巧，熟悉各种诊断程序与诊断工具（如debug、DM等），掌握各种地址参数（如各种I/O地址）以及电路组成原理等。掌握各种接口单元正常状态的各种诊断参考值是有效运用程序测试法的前提基础。

任务二　解析典型案例

【任务描述】

通过本任务解析典型案例的学习，我们将学会如何根据故障现象分析和解决计算机故障。

【任务实施】

1. 案例解析一

情况说明：计算机在正常运行过程中，突然自动关闭或重启计算机。

现象分析：目前主流主板对 CPU 都有温度监控功能，一旦 CPU 温度过高，超过了主板 BIOS 中所设定的温度，主板就会自动切断电源，以保护相关硬件。另一方面，系统中的电源管理和病毒软件也会导致这种现象发生。

解决方法：上述突然关机现象如果一直发生，可以从以下几个方面入手进行检测。

1）首先在计算机刚开机能正常运行时，在网上下载鲁大师软件并快速安装，安装完成后利用鲁大师软件实时监测温度功能，查看 CPU、显卡和硬盘等部件的实时温度，如图 8-1 所示。再确认是否因为 CPU 温度过高造成重启，如果不是，可以利用"360 安全卫士"软件中的"我的电脑""木马查杀""系统修复"功能对计算机进行一次全方位的体检，再利用"木马查杀"功能进行彻底查杀病毒，确认是否因病毒造成，如图 8-2 所示。

2）如果检测温度过高，就会造成计算机自动关闭或重启，解决方法是，打开主机箱目测 CPU 散热器是否工作正常，灰尘是否过多，如果是散热器问题，应及时更换质量更好的散热器或对主板和散热器进行一次全面除尘维护，确保散热良好，如图 8-3 所示。

3）如果以上这些因素都排除后故障依然存在，很有可能是电源老化或损坏，可以通过替换电源法来确认。

图 8-1　鲁大师软件实时监测温度

图 8-2　360 安全卫士系统体检

图 8-3　CPU 散热器

2. 案例解析二

情况说明：开机黑屏，没有显示，可能会有报警声。

现象分析：硬件之间接触不良，或硬件发生故障，相关的硬件涉及内存、显卡、CPU、主板、电源等。计算机的开机要先通过电源供电，然后，由主板的 UEFI BIOS 进行初始化，并加载驱动程序。如果某些关键设备（如 CPU、内存、显卡等）出了故障而不能被驱动起来，计算机就不能正常启动，甚至黑屏。

解决方法：①首先确认外部连线和内部连线是否连接顺畅。外部连线有显示器、主机电源等。②正常启动计算机，注意聆听开机时出现的报警提示音，如果有报警提示音，通过报警提示音初步判断故障的大致范围。③打开主机箱，查看内存、显卡、CPU、主板、电源等是否接触不良。比较常见的原因有，显卡和内存由于使用时间过长，与空气中的粉尘长期接触，"金手指"上形成氧化层，从而导致接触不良。对此，可以用橡皮擦来回擦拭"金手指"，然后重新插入原位，如图 8-4 所示。④观察 CPU 是否正常工作，开机半分钟左右，用手触摸 CPU 散热器的散热片是否有温度。如果有温度，则 CPU 坏掉的可能性就可基本排除。如果没有温度则检查 CPU 及 CPU 供电是否有问题等，直至排除故障。

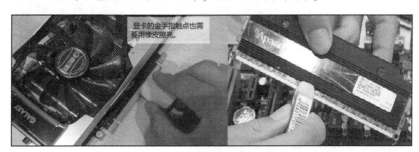

图 8-4 "金手指"除氧化层

3. 案例解析三

情况说明：开机能正常点亮，但在启动画面处停止，或显示"The disk is error""A disk read error occurred"等提示信息。

现象分析：可能是系统问题而引起的软件故障，比较常见的就是系统文件被修改、破坏，或是加载了不正常的命令行。此外，硬盘的故障也是原因之一。

解决方法：①首先尝试能否进入安全模式，一般都是开机时按〈F8〉键即可，如果不行，可以尝试几次强制关机重启，直到出现图 8-5 所示的界面，然后选择"疑难解答"→"高级选项"→"启动设置"→"重启"→"启用安全模式"进入安全模式，如图 8-6~图 8-8 所示。②进入安全模式后，可以通过查看设备管理器和系统文件检查器来找寻故障，如果遇到有"！"的查明原因后再确定是否删除或设置中断，也可以重装驱动程序，系统文件受损可以从安装文件恢复（建议事先把 Windows 的安装文件复制到硬盘里），如图 8-9 所示。③如果连安全模式都不能进入，说明系统文件受到了严重的破坏，可用 U 盘启动进入 PE 系统，然后对重要文件进行备份后重装系统。

图 8-5　疑难解答　　　　　　　　　　　　图 8-6　高级选项

图 8-7　启动设置

图 8-8　选择安全模式　　　　　　　　　　图 8-9　设备管理器

4. 案例解析四

情况说明：系统运行缓慢或者容易死机，硬盘灯乱闪，经常蓝屏，以及出现莫名其妙的系统提示等信息。

现象分析：此类故障大多数是计算机感染病毒所致，病毒实质上是一种恶意的计算机程序代码，病毒通过自我复制，并在系统中隐秘运行，占有系统资源，严重的还会对软件和硬件造成破坏，如 CIH 病毒、硬盘锁病毒等。

解决方法：初步怀疑是计算机感染了计算机病毒，我们可以从网上下载免费的杀毒软件（如：360 杀毒、金山毒霸和百度杀毒等）对计算机进行全面的清杀，如图 8-10 所示。由于某些病毒发作时会严重破坏文件，可以在病毒发作之前把重要的文件备份到其他磁盘或 U 盘上，且把数据文件的属性设定为只读，还可以把重要文件备份到自己的电子邮箱、文件传送协议（File Transfer Protocol，FTP）服务器或云盘等网络空间中去。

图 8-10　360 杀毒软件

5. 案例解析五

情况说明：家里的手机、电视或计算机连不上网络。

现象分析：不能上网的原因比较多，如接入的光纤、光猫路由器一体机、无线路由器、机顶盒以及网络参数设置等出现问题都有可能造成无法上网。

解决方法：①所有设备都不能上网，首先确认是否因为欠费而停机，如果不是，有可能是接入光纤、光猫路由器一体机出现了问题，这时可以先查看光猫路由器一体机上指示灯的状态，如图 8-11 所示。初步了解故障范围，然后重新启动一下光猫路由器一体机看看能否恢复，若还是不能上网，这时我们可以拨打相应因特网服务提

图 8-11　光猫路由器一体机故障

供商的服务电话进行报修。②网络电视能收看节目，手机和计算机不能上网，说明接入的网络设备没有问题，检查无线网络设备的网络参数配置是否正确或者重新启动一下无线网络设备。③如果部分终端设备能上网，这时再检查一下不能上网的终端的网络参数及登录密码是否正确。

6. 案例解析六

情况说明：Windows 10 操作系统中打开 Edge 浏览器时崩溃。

现象分析：在运行 Windows 10 操作系统时，用户难免需要使用到 Edge 浏览器来打开一些网页，但是在 Windows 10 操作系统中运行 Edge 浏览器时偶尔会出现崩溃或闪退等现象。

解决方法：①首先我们同时按住〈Ctrl〉+〈Alt〉+〈Del〉组合键，调出任务管理器，找到 Edge 浏览器进程并"结束任务"，如图 8-12 所示。②再重新打开浏览器，一般问题就可以解决，但也有能打开浏览器软件，而浏览器不能正常工作的情况发生，这可能是计算机缓存的原因（当然重启系统也可以解决），这时可以在 Windows 10 桌面底部搜索框中通过输入"IE"来搜索并打开 IE 浏览器，然后单击 IE 浏览器右上角的 "工具"按钮，在弹出的菜单中选择"Internet 选项"命令（见图 8-13），打开"Internet 选项"对话框。③在打开的"Internet 选项"对话框"常规"选项卡中，单击"删除"按钮，如图 8-14 所示。④在打开的"删除浏览历史记录"对话框中，确认"临时 Internet 文件和网站文件""Cookie 和网站数据""历史记录"3 项已勾选，并单击"删除"按钮，等待删除缓存操作，如图 8-15 所示；⑤删除缓存完成后，关闭浏览器，右键单击"开始"菜单按钮，在弹出的快捷菜单中选择"Windows PowerShell（管理员）"选项，如图 8-16 所示。⑥在命令提示符窗口中输入"netsh winsock reset"命令并按〈Enter〉键，重启目录成功，故障即可解决，如图 8-17 所示。

图 8-12　任务管理器　　　　　　　图 8-13　选择"Internet 选项"

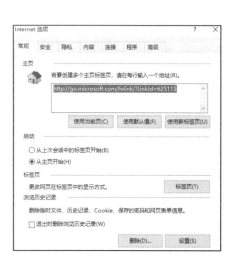

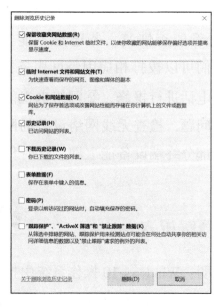

图 8-14　"Internet 选项"对话框　　图 8-15　"删除浏览历史记录"对话框

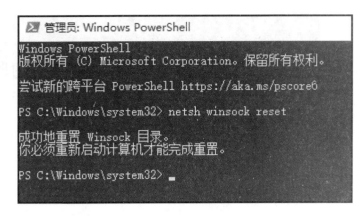

图 8-16   选择"Windows PowerShell   　　　　图 8-17   重置目录成功
         （管理员）"选项

7. 案例解析七

情况说明：一台实训室教学一体机，有时能上网，有时不能上网。

现象分析：不能访问网络的原因比较多，既可能是硬件故障，也可能是软件原因，要根据具体情况灵活处理。

解决方法：①首先检查一体机的有线和无线网卡工作是否正常，包括网卡是否被禁用、无线 WiFi 信号是否正常、有线网卡的网线是否未插好或接触不良（可查看屏幕右下角的网络连接是否有红叉 标记）。②确认手动设置或自动获取的网卡 IP 地址是否正确，方法是可查看屏幕右下角的网络连接图标是否有黄色感叹号 标记，或设备管理器中的对应网卡前的图标（如图 8-18）是否有黄色感叹号标记，或 ping 远程 DNS 服务器 IP 地址测试能否 ping 通等。③如果网卡工作正常且 IP 地址设置正确，但还是不能访问网络，可以用断网急救箱或 LSP 修复工具（如图 8-19）进行尝试修复。④如不能排除故障，重装操作系统试试。⑤如果还是不能访问网络，使用替换法——替换一体机、网线、无线路由器等，以准确定位故障点并最终排除网络故障。

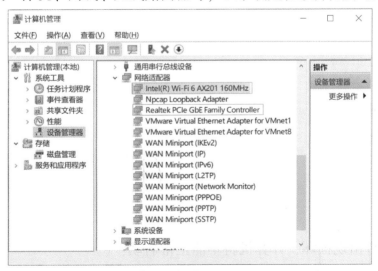

图 8-18   查看设备管理器中的网络适配器工作是否正常

图 8-19　使用断网急救箱或 LSP 修复工具排除网络故障

【拓展阅读】

扫一扫

银河麒麟桌面版系统——用
户密码到期无法正常进入系
统的解决办法

【项目小结】

- 常见故障检测方法。
- 典型案例解析。

【思考与练习】

1) 以下哪个部件出现损坏，计算机将不能正常启动？（　　　）

A. 鼠标　　　　　　B. 显示器　　　　　　C. 打印机　　　　　　D. 内存条

2）每次开机显示器右下角的时间都会不准确，这可能是因为（　　　）。

A. 主板损坏　　　　B. CPU 损坏　　　　C. 内存损坏　　　　D. 主板电池没电

3）正确触按计算机电源按钮后既无报警声也无图像，电源指示灯不亮，应先从哪个方面入手检查计算机？（　　　）

A. 主板　　　　　　B. 电源　　　　　　C. 显卡　　　　　　D. 内存

4）某老旧计算机在开机时屏幕无显示，但机箱内发出一长两短的专用报警声，故障部位可能是（　　　）。

A. 主板　　　　　　B. CPU　　　　　　C. 显卡　　　　　　D. 内存

5）某兼容机，原主板上插有一根 4 GB 内存条且能正常工作，现在增加一根 4 GB 内存条，使计算机的总内存达到 8 GB，开机时有时能正常启动，运行某些程序时出现死机现象，故障原因可能是（　　　）。

A. CPU 热稳定性不佳

B. 所运行的软件问题

C. 新增内存条与原有内存条存在兼容性问题

D. 主机电源性能不良

【项目工单】

检测与维护计算机实训室设备

1. 项目背景

慧明公司有一间承担对外培训的计算机实训室，但公司缺少专业的技术维护人员，实训室里的 100 台计算机硬软件系统、1 台网络打印机、1 个无线路由器等设备设施未能得到及时有效的维护，有的计算机不能正常开机，有的计算机能进入操作系统但不能上网，网络打印机不能正常使用，无线 Wi-Fi 时而无法接入等。

2. 预期目标

公司希望能对实训室里的 100 台计算机硬软件系统、1 台网络打印机、1 个无线路由器等设备设施进行及时有效地维护。具体要求如下。

1）检测与维护 100 台计算机的硬件系统。

2）检测与维护 100 台计算机的软件系统。

3）检测与维护 1 台网络打印机。

4）检测与维护 1 个无线路由器。

3. 项目资讯

1）检测和维护计算机硬件前，需要做好哪些准备工作？

2）检测和维护计算机软件系统，可能会用到哪些工具软件？

3）如何更换打印机硒鼓？

4）如何使无线 Wi-Fi 更安全？

4. 项目计划

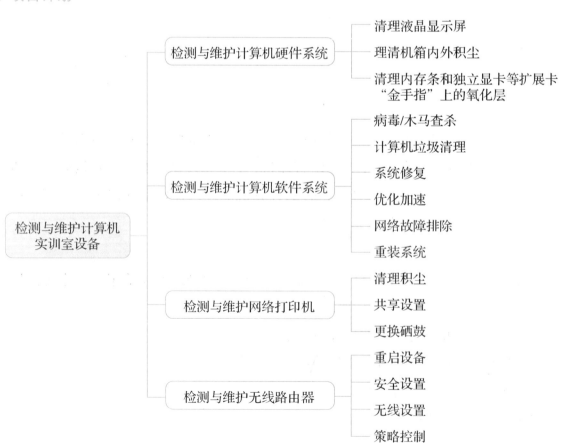

5. 项目实施

1）实施过程。

（1）检测和维护100台计算机的硬件系统，包括清理机箱内外积尘、清理液晶显示屏、清理内存条和独立显卡等扩展卡"金手指"上的氧化层等。

（2）检测和维护100台计算机的软件系统，包括病毒/木马查杀、计算机垃圾清理、系统修复、优化加速、网络故障排除、重装系统等。

（3）检测和维护1台网络打印机，包括清理积尘、共享设置、更换硒鼓等。

（4）检测和维护1个无线路由器，包括重启设备、安全设置、无线设置、IP策略控制等。

2）实施效果。

通过检修，计算机实训室所有计算机能正常工作，网络打印机能正常共享打印，无线WiFi接入网络稳定不掉线。

6. 项目总结

1）过程记录。

序号	内容	思考及解决方法
1	【示例】清洁液晶显示屏	应该正确选用＊＊等工具来清洁液晶显示屏，操作步骤：1. ＊＊＊；2. ＊＊＊
2		
3		
4		
5		
6		

2）工作总结。

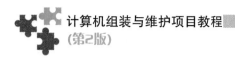
7. 项目评价

内容	评分	教师评语
项目资讯（10分）		
项目实施（70分）		
项目总结（10分）		
其他（10分）		
总分		

附录
常见计算机英文故障提示及处理

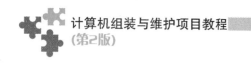

Hard disk install failure

硬盘安装失败。这是因为硬盘的电源线或数据线可能未接好或者硬盘跳线设置不当。可以检查一下硬盘的各根连线是否插接好。

Hard disk（s）diagnosis fail

执行硬盘诊断时发生错误。出现的原因可能是硬盘内部出现硬件故障，可以把该硬盘换到另一台计算机上试试，如果问题依旧存在，只能更换该硬盘。

Hardware Monitor found an error, enter POWER MANAGEMENT SETUP for details, Press F1 to continue, DEL to enter SETUP

监视功能发现错误，进入"POWER MANAGEMENT SETUP"查看详细资料，或按〈F1〉键继续开机程序，按〈DEL〉键进入 CMOS 设置。最新主板都具有硬件的监视功能，用户可以设定主板与 CPU 的温度监视、电压调整器的电压输出准位监视和对各个风扇转速的监视。当上述监视功能在开机时被 BIOS 检测到，会自动弹出该段提示，这时可以进入 CMOS 设置选择"POWER MANAGEMENT SETUP"，在右面的"＊＊Fan Monitor＊＊""＊＊Thermal Monitor＊＊""＊＊Voltage Monitor＊＊"查看是哪部分监控发生了异常情况，然后再加以解决。

Keyboard error or no keyboard present

键盘错误或者未接键盘。检查一下键盘与主板接口是否接好，如果键盘已经接好，有可能是主板键盘接口损坏或键盘损坏。

Memory test fail

内存检测失败。重新插拔一下内存条，查看故障是否解决，如果计算机内存条只有一根，一般是该内存条有问题，可以更换内存，如果计算机有两根以上内存条，一般是内存条相互不兼容所致。出现这种问题一般是因为混插的内存条互相不兼容。如果使用的只是一根内存条，那么就一定是内存条本身有问题。

Reboot and Select proper Boot device or Insert Boot Media in selected Boot device and press a key

重新启动并选择适当的启动设备，或在选择的启动设备中插入启动媒体后按任意键。出现这个问题的根本原因是计算机启动时找不到用于启动系统的启动文件，可以试着用以下几种方法解决：一是硬盘数据线或电源线没接有连接或接触不良，打开机箱重新拔接即可；二是硬盘分区格式错误，可以试着从 GPT（全局唯一标识分区表）格式改成 MBR（主引导记录）格式，然后重启系统；三是备份重要文件后重新安装操作系统；四是硬盘物理损坏，请更换硬盘。

Abort，Retry，Ignore，Fail

退出、重试、忽略、取消。此提示表示不能识别给出的命令，或发生了使命令不能执行的磁盘或设备错误，可能是磁盘损坏。按〈A〉键彻底终止，并回到命令提示符；按〈R〉键重复执行该命令；按〈I〉键继续处理，忽略错误非常冒险，建议不要采用；按〈F〉键不执行有问题的命令，继续下面的处理。

runtime error

运行时错误。有多种情况会导致出现这种提示，比如软件问题、内存问题等，解决方法有：终止问题进程、安装更新补丁升级到最新版本或者重新安装应用软件、联系软件作者或开发商、查杀病毒和木马、重新安装操作系统和重插或更换内存条等。

Cannot find system files

不能找到系统文件。试图从没有包含系统文件的驱动器上装入操作系统。可以用 sys 命令将系统文件复制到根目录中。

Cannot load command，system halted

不能加载 command，系统中止应用程序覆盖了内存中的所有或部分 command.com。应该重新引导计算机，检查被应用程序修改过的数据是否完整，如有必要可将 command.com 复制到子目录。

Cannot read file allocation table

不能读到文件分配表。此提示表示文件分配表已坏。如仍能找到一些数据，那么将它们都备份到一张空盘中，也可利用 Chkdsk 命令修复文件分配表，如需要，可重新格式化磁盘。如果问题重复发生，应及时更换磁盘。

Divide Overflow

分配溢出，除零错误。程序可能编写有错误，未调试好，也可能是与内存中的其他程序冲突。检查内存中的其他程序或不再使用此程序。

Drive Not Ready Error

驱动器未准备好。此提示表示没有该驱动器或未放磁盘。检查磁盘或更换磁盘。

Duplicate File Name or File Not Found

文件重名或未找到。此提示表示给文件起名字时与已有的文件重名了或是在对文件操纵时根本就没这个文件。更换名称或检查文件名的拼写。

Error loading operating system

引导操作系统错误。可能是操作系统文件找不到或已损坏。用 sys 命令将操作系统文件复制到该驱动器，如需要，可将 config. sys 和 autoexec. bat 文件复制到根目录中。如不能恢复系统文件，那么从软盘引导系统，备份数据，用 format/s 命令重新格式化磁盘。

File allocation table bad

文件分配表已损坏。例如病毒发作、突然停机、不正常关机等都能破坏分配表。将所能找到的数据备份到空盘中，不要覆盖以前的备份。可通过使用 Chkdsk 命令来解决这个问题。

File cannot be copied onto itself

文件不能复制。可能是用户在源文件和目标文件中指定了相同的文件，或是忘了写文件名。按需要改变源文件或目标文件，然后试试看。

File creation Error

文件建立错误。可能是在磁盘中没有足够的空间为用户创建文件、想创建的文件早已存在且为只读文件或是想利用早已存在的文件名来更换文件的名字。可以换个磁盘，或使用别的目标名、别的目标位置，或者使用 Attrib 命令除去文件的只读属性。

File not found

文件未找到。可能是在当前目录或由 Path、Append 命令指定的任一目录中找不到文件，或者指定的目录是空的。检查文件名的拼法和位置，如需要可以改变搜索路径。

Insufficient memory

内存不足。此提示表示没有足够内存来处理用户所输入的命令，一般指基本内存。应删去一些内存驻留的文件或对内存做优化管理。还可以给系统增加更多的内存，以适应应用程序。

Invalid directory

非法目录。可能是输入了无效的目录名或不存在的目录名。检查目录名称或书写方法是否正确。

Invalid Drive Specification

无效的驱动器定义。此提示表示根本没有这个驱动器，可能是拼写错误。若是不能指定光驱，可能是没有安装驱动程序。重新安装光驱。

Invalid filename or file not found

无效的文件名或文件未找到。可能是输入的文件名包含了无效字符或通配符，或者将保

留的设备名用作文件名。利用不同的文件名试试。

Invalid Media, track 0 Bad or Unusable

无效的格式，0 磁道损坏或不可用。一般是磁盘损坏，需更换磁盘。

Invalid parameter

无效的参数。此提示表示此提示表示在命令行中没有指定正确的参数，或者有重复、禁止的参数。检查输入命令时的拼写或语法。

Invalid partition table

无效的分区表。此提示表示硬盘分区信息中有错误。可能是应备份所能找到的数据，运行 Fdisk 命令来重新设置硬盘分区。

Invalid path, not directory, or directory not empty

无效的路径、非目录或目录非空。可能是系统不能定位指定的目录，或者用户输入了文件名来代替目录名，或者目录中包含文件（或子目录），不能被删除。检查目录名的拼法，如果目录为空，那么它可能包含隐含文件，使用 Dir/ah 命令来显示任何可能的隐含文件，用 Attrib 命令改变属性，删除之。

Invalid syntax

无效的语法。此提示表示系统不能处理用户输入的语法格式。应查阅正确的文件格式再试试。

No fixed disk Present

没有硬盘。此提示表示系统不能检测到硬盘的存在。应检查设置的驱动器类参数，如果不能解决这个问题，那么应该送去修理。

Non-System Disk or Disk Error

非系统盘或磁盘错误。此提示表示系统在当前盘中找不到系统文件。应插入包含系统文件的磁盘，或者重新引导计算机。

Not enough memory

内存不足。

NOT READY, READING DRIVE X

驱动器 X 未准备好。可能是在指定的驱动器中没有磁盘或驱动器门没关。插入磁盘到指定驱动器或关上驱动器门。

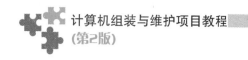

Too many open files

打开的文件太多。此提示表示超过系统规定的打开文件数目。应在 Config. sys 文件中用 Files 命令增加最大数目，并重新引导计算机。

Auxiliary device failure

辅助设备出现故障。此时触摸板或外部 PS/2 鼠标可能出现故障。如果仅使用外部鼠标，请检查连接处是否松动或是否有不正确连接的现象。如果问题仍然存在，请启用"Pointing Device"（定点设备）选项。

Bad command or file name

错误的命令或文件名。可能是输入的命令不存在，或者不在指定的路径中。确保输入了正确的命令，在正确的位置留出了空格和使用了正确的路径名。

Cache disabled due to failure

高速缓存出现故障被禁用。微处理器内部的主高速缓存出现故障。

CD-ROM drive controller failure 1

CD-ROM 驱动器控制器故障 1。此提示表示 CD-ROM 驱动器无法对计算机发出的命令作出反应。关闭计算机。然后从介质托架连接器中断开 CD-ROM 驱动器的连接。重新启动计算机，然后再次关闭计算机。将 CD-ROM 驱动器重新连接至计算机，然后验证介质托架电缆是否连接至 CD-ROM 驱动器背面。最后重新启动计算机。

Data error

数据错误。此提示表示硬盘驱动器无法读取数据。运行适当的程序检查硬盘驱动器上的文件结构。

Decreasing available memory

可用内存正在减少。可能是一个或多个内存模块可能出现故障或插接不正确。在扩展插槽中重置内存模块。如果问题仍然存在，请从扩展插槽中卸下内存模块。

Disk C：failed initialization

磁盘 C：初始化失败。此提示表示硬盘驱动器初始化失败。卸下并重置硬盘驱动器，然后重新启动计算机。如果问题仍然存在，请从诊断程序软盘中引导系统，然后运行"Hard-Disk Drive"（硬盘驱动器）检测程序。

Extended memory size has changed

已更改扩展内存大小。此提示表示非易失性随机存储器（Non-Volatile Random Access

Memory，NVRAM）中记录的内存容量与计算机中安装的内存不符。重新启动计算机即可。

Hard-disk drive failure

硬盘驱动器出现故障。此提示表示硬盘驱动器无法对计算机发出的命令作出反应。关闭计算机，卸下驱动器并用引导软盘引导计算机，然后再次关闭计算机，重新安装驱动器并重新启动计算机即可。

Hard-disk drive read failure

硬盘驱动器读取出现故障。此提示表示硬盘驱动器可能出现故障。关闭计算机，卸下驱动器并用引导软盘引导计算机，然后再次关闭计算机，重新安装驱动器并重新启动计算机。

Keyboard controller failure

键盘控制器出现故障。可能是电缆或连接器已松动，或者键盘出现故障。重新引导计算机，在引导期间不要触碰键盘或鼠标。

Keyboard data line failure

键盘数据线路出现故障。可能是电缆或连接器已松动，或者键盘出现故障。请运行 Del 诊断程序中的"Keyboard Controller"（键盘控制器）检测程序。

Keyboard stuck key failure

键盘上的键被卡住。如果正在使用外部键盘或小键盘，则可能是电缆或连接器松动，也可能是键盘出现故障。如果使用的是集成键盘，则可能是键盘出现故障。计算机引导期间，用户可能按下了集成键盘或外部键盘上的按键。

Memory allocation error

内存分配错误。此提示表示尝试运行的软件和操作系统、另一个应用程序与公用程序发生冲突。关闭计算机并等待 30 s，然后重新启动。

No boot device available

无可用的引导设备。可能是计算机无法找到软盘或硬盘驱动器。如果将软盘驱动器用作引导设备，请确保驱动器中已插入一个可引导软盘。如果将硬盘驱动器用作引导设备，请确保已将其安装，正确插接并分区为引导设备。

No boot sector on hard-disk drive

硬盘驱动器上无引导扇区。操作系统可能已损坏，需要重新安装操作系统。

— 177 —